四川省优势特色效益农业培训教材

马铃薯

MA LING SHU

《四川省优势特色效益农业培训教材》编委会 编

电子科技大学出版社

图书在版编目（CIP）数据

马铃薯 / 《四川省优势特色效益农业培训教材》编委会编. —成都：电子科技大学出版社，2011.12
（四川省优势特色效益农业培训教材）
ISBN 978-7-5647-1078-1

Ⅰ. ①马… Ⅱ. ①四… Ⅲ. ①马铃薯—栽培技术
Ⅳ. ①S532

中国版本图书馆 CIP 数据核字(2011)第 268499 号

四川省优势特色效益农业培训教材

马 铃 薯

《四川省优势特色效益农业培训教材》编委会 编

出　　版：电子科技大学出版社（成都市一环路东一段 159 号电子信息产业大厦　邮编：610051）
策划编辑：张　鹏
责任编辑：张　鹏
主　　页：www.uestcp.com.cn
电子邮箱：uestcp@uestcp.com.cn
发　　行：新华书店经销
印　　刷：成都市新都华兴印务有限公司
成品尺寸：185mm×250mm　印张　10.75　字数 198 千字
版　　次：2011 年 12 月第一版
印　　次：2014 年 1 月第一次印刷
书　　号：ISBN 978-7-5647-1078-1
定　　价：26.50 元

四川省优势特色效益农业培训教材

马铃薯

《四川省优势特色效益农业培训教材》编委会　编

主　编：卢学兰
副主编：梁远发
编　写：梁南山　王西瑶　袁继超　何　卫
　　　　杨先泉　谢　江　郑顺林
审　稿：肖小余　周孝强

电子科技大学出版社

编者的话

为了贯彻落实党的十七届四中全会和省委九届七次全会精神，推进农业科技大培训、大示范、大推广“三大行动”，规范和指导各地新型农民科技培训和农技人员培训工作，更好地培养农村服务业、农产品加工业、地方特色产业、农民外出就业、农民创业中的新型农民，我们组织有关高等院校和科研院所以及长期从事农业技术推广工作的资深专家，编写了这套优势特色效益农业培训系列丛书，供各地开展对农业科技人员和新型农民培训时选用。该套丛书采用了国家最新标准、法定计量单位和最新名词、术语，并注重行业针对性和实用性，力求做到浅显易懂、图文并茂，让广大农业技术人员和农民朋友易于学习、掌握。丛书涵盖四川省种植业中的 11 个特色农业产业，是我国目前同类丛书中最新的一套培训教材。

由于编写时间较为仓促，我们在参考引用某些文献和图片时未能及时征得原作者的同意，原作者见书后，请与我们联系，以便我们寄奉稿酬或样书，并在今后修订时对书稿相关事项予以弥补。教材中难免存在不足和错误，诚望各位专家和广大读者批评指正。

《四川省优势特色效益农业培训教材》编委会

2011 年 12 月

目录

第一章

四川马铃薯产业发展概况和前景

马铃薯（俗称土豆、洋芋）是世界上仅次于水稻和小麦的第三大农作物。在中国，马铃薯是唯一能在全国各省、市、自治区大面积种植的农作物，马铃薯被定位为全国七大主要农作物之一，同时也是第四大粮食作物，播种面积排在水稻、玉米和小麦之后。中国马铃薯种植分为四个栽培区：即北方一季作区、中原二作区、南方冬作区和西南单双季混作区。四川马铃薯种植属于全国马铃薯种植区域的西南单双季混作区。

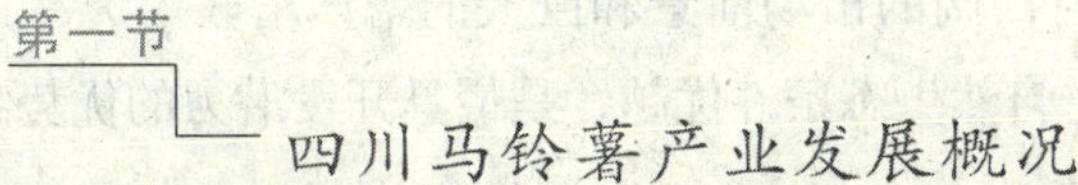

第一节 四川马铃薯产业发展概况

四川自然条件优越，马铃薯宜种性广，一年四季均有区域种植，春、秋季为主要种植季节，是继水稻、小麦、玉米、甘薯之后的第五大粮食作物，全省 21 个市（州）均可种植，面积 1 万亩（1 亩=667 平方米）以上的县（市、区）有 140 多个。

一、四川马铃薯产业发展现状

(一) 发展形势

近年来，在四川省委、省政府的高度重视和有关部门的支持配合下，启动实施了一系列项目，四川马铃薯产业取得突破性进展，产业发展态势良好。2007 年，全省马铃薯面积达 916.8 万亩，总产 1 067 万吨，在 2003 年的基础上翻了一番，面积和总产分别位居全国第三位和第四位；生产布局不断优化，形成了具有加工专用马铃薯及种薯生产的盆周山区和川西南山地优势区，平原丘陵区的秋、冬马铃薯生产也快速发展；总结完善了以间套作为主的马铃薯配套高产栽培技术体系，制订了一系列马铃薯生产及种薯生产地方标准；坚持“面向市场建企业、依托企业建基地、围绕基地建良种繁育”的思路狠抓马铃薯产业化开发，初步建成了一批种薯扩繁基地和标准化生产示范基地，全省马铃薯脱毒种薯推广比例达到17%；全省从事马铃薯类加工的大中型企业达10余家，马铃薯淀粉生产能力10万吨以上。马铃薯已成为促进四川农业和农村经济的一大特色产业和部分地方的支柱产业。

（二）存在的问题

由于四川马铃薯产业基础薄弱，尽管近年取得了长足发展，但产业发展的一些关键环节还存在突出的问题。良种繁育滞后，生产上普遍以商品薯作种薯使用；专用品种缺乏，生产上使用的马铃薯品种多以鲜食菜用型品种为主，适宜炸片、炸条和淀粉加工的专用品种很少；生产水平不高，缺乏规模化、集约化和标准化的生产，马铃薯产量和品质不高；贮藏设施薄弱，种薯、商品薯、原料薯常因贮藏不当造成重大损失；加工水平低下，鲜薯加工比例仅10%左右，加工产品仅以精淀粉为主，精深加工刚刚起步；营销方式落后，缺乏大型马铃薯专业交易市场和龙头营销企业。

二、四川马铃薯产业发展潜力

四川马铃薯具有广阔的市场前景和巨大的增产增收潜力，产业发展的基础较好，技术储备丰富，自然生态条件优越，是最具开发潜力的优势特色作物之一。

（一）政策环境好

近年，四川省省委、省政府高度重视马铃薯产业，主要领导多次作出批示，各级财政在马铃薯良种繁育体系建设、新品种的引进和筛选、生产基地建设等方面加大了投入，马铃薯产业得到空前发展。与此同时，制定了《四川省马铃薯产业发展规划》，并在此基础上启动了“四川省马铃薯产业发展提升行动”，为四川马铃薯产业发展指明了方向。

（二）市场前景广阔

四川城乡居民素有食用马铃薯的习惯，是马铃薯消费大省。尤其在经济落后的盆周山区和川西南山地区，马铃薯是大部分农民群众的主食。但目前四川马铃薯每年人均消费量仍然不高，明显低于发达国家，远远低于一些马铃薯食用大国。我国马铃薯精淀粉大部分依赖国外进口。四川需求的马铃薯淀粉、炸片、炸条、全粉及其产品等目前绝大多数由省外供给，因此马铃薯加工品的市场前景十分广阔。四川马铃薯鲜食和加工原料的需求量还很大，无论现在还是将来，马铃薯都是最具市场需求潜力的作物。

（三）加工增值潜力大

马铃薯产业链条长，加工增值潜力大。若把马铃薯加工成薯条、薯泥、油炸薯片（条）和薯类膨化食品，可升值 5~15 倍。国外 70%~80%的马铃薯都是依靠加工实现增值。美国有 50%的马铃薯用于深加工，生产的马铃薯食品近百种，荷兰、法国的深加工比例分别为 40%和 59%。而我国马铃薯的加工总量仅占总产量的 20%左右，四川 10%，由此可见，四川马铃薯加工增值的潜力巨大。

（四）增产潜力巨大

四川马铃薯无论是单产还是面积都有很大的潜力可挖。一是面积潜力大。复杂多样的气候条件使全省一年四季均有马铃薯种植，广大平丘区三季不足两季有余的情况和在小春作物大量耕作制度改革条件下，马铃薯的宜间套特性为其面积扩大创造了十分有利的条件。通过合理间套作，可以向空间要粮食，大力开发秋、冬马铃薯，可以向时间要粮食。据测算，采取秋马铃薯与油菜套作、小麦预留行套种冬马铃薯等办法，可扩大马铃薯种植面积 800 万亩以上，新增鲜薯 900 万吨以上。二是单产潜力大。我国的水稻、小麦、玉米等粮食作物单产均高于世界平均水平，但马铃薯的单产仍然低于世界平均水平。据联合国粮农组织统计，2006 年马铃薯的亩平产量新西兰 3 022 千克、美国 2 911 千克、荷兰为 2 778 千克、英国 2 687 千克，世界平均 1 116 千克，中国仅 987 千克，四川马铃薯单产仅为 1 100 千克左右。发挥马铃薯高产作物的增产潜力，可以向科技要粮食。通过脱毒种薯等技术的应用推广，到 2012 年，将四川马铃薯鲜薯单产提高到 1 400 千克，比 2007 年增产 200 多千克是完全可能的，这样可增产鲜薯 200 万~300 万吨。从长远来看，大力发展马铃薯生产，充分挖掘马铃薯的增产潜力，对确保四川粮食安全具有十分重要的现实意义。

（五）增收效果突出

四川一季马铃薯的平均亩产值达 800 元以上，一些地方的秋马铃薯和冬马铃薯平均亩产达 1 200 千克，每亩产值 1 000 元以上，亩纯收入 600~800 元，明显高于其他粮食作物。四川马铃薯主产区多是农村最贫穷的地区和农民增收最乏力的地区，大力发展马铃薯产业，充分挖掘其增收潜力，对促进农村区域经济发展，促进农民增收，消除绝对贫困现象具有十分重要的作用，马铃薯已经成为这些地区助农增收的重要产业。

（六）技术储备丰富

四川开展马铃薯研究的科研单位近 10 家，具有高级以上职称的科技人员达 100 人以上。他们在马铃薯种植模式、品种选育、脱毒种薯繁育、配套栽培技术和产后加工等方面进行了大量的研究创新，取得了丰硕成果，为下一步马铃薯产业的全面升级发展奠定了坚实的科技基础。

（七）生态条件优越

四川多山地和高原，地势复杂，海拔高度变化大，立体气候特点突出，气候的区域差异十分明显，年平均气温较高，无霜期长，雨量充沛，特别适合马铃薯生产。复杂多样的气候条件孕育了多种生态类型的马铃薯，全省一年四季均可种植马铃薯，马铃薯鲜薯上市时间长，为加工企业周年提供原料供应成为可能，形成了四川马铃薯“周年生产、周年供应”的特色和优势。盆周山区和川西南山地优势区生产的加工专用马铃薯和种薯产量高、品质好；丘陵和平原地区生产的秋、冬菜用马铃薯淡季上市，品质优良。

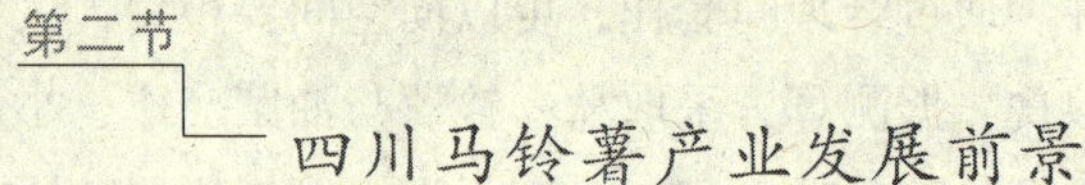

第二节 四川马铃薯产业发展前景

四川省农业厅发布了《四川省优势特色效益农业发展规划》，马铃薯作为着力打造的十大优势特色产业之一，将成为四川农村经济和农民增收的一大主导产业。

一、发展思路和目标

（一）发展思路

按照因地制宜、市场导向、量质并举、规模开发的原则。坚持面向市场建企业，依托企业建基地，围绕基地建良种繁育。以提高产量、改善品质、延长产业链为重点，以规模化、标准化、产业化为发展方向。通过大项目带动，构建优质加工专用及菜用马铃薯优势产业带，创立一批马铃薯加工品品牌。

（二）发展目标

通过 3~5 年的努力，把四川建成全国的马铃薯产业强省，实现“三个突破”，即：面积第一、产量第一、加工前列，使马铃薯产业真正成为统筹城乡发展、贯通一、二、三产业、带动农民增收、引领农村经济发展的一大支柱产业。到 2012 年，全省马铃薯面积达到 1 500 万亩，总产 2 100 万吨。

（三）主要任务

1. 加强种植模式创新，实现种植规模化

加强种植模式创新和推广，重点挖掘盆地平原及丘陵地区、盆周山区的面积潜力。盆周山区：主要完善推广春马铃薯/玉米模式，改一年只种一季马铃薯或玉米为马铃薯、玉米分带间套轮作。盆地平原及丘陵地区改“稻—油”为“稻—薯/油(菜)”，重点完善推广“中稻—稻草覆盖秋马铃薯/免耕油菜”省工节本高效模式和

"小麦/玉米/甘薯（大豆）/马铃薯模式"。实现向科技要面积、向空间要面积、向时间要面积。

2. 加快良种繁育和脱毒种薯推广体系建设，实现生产良种化

建成较为完善的脱毒种薯生产及销售网络体系和种薯质量检测体系。筛选、审（认）定一批高产、优质专用马铃薯新品种。探索种薯规模化、工厂化生产，降低种薯生产成本。依托科研单位建立原原种繁育基地，扩大微型薯生产规模。培育扶持一批脱毒种薯生产销售企业，依托种薯企业建设高质量的脱毒原种和生产种基地，加强脱毒种薯的推广应用。

3. 加快技术创新集成和推广，实现生产标准化

搞好马铃薯生产技术集成创新，大力推广脱毒种薯、旱作节水、测土配方、病虫综防等技术。在此基础上，川西南山地区强调合理间套轮作、选用加工专用品种、晚疫病防治等技术措施的推广落实；盆周山区强化选用多用途品种、覆膜盖垄作栽培，晚疫病防治等技术的落实；盆地丘陵平原地区通过合理间套种大力挖掘马铃薯种植面积，完善落实秋、冬马铃薯配套生产技术。大力推行按标生产，努力提高商品薯的产量和质量。

4. 加快马铃薯生产基地建设，实现产品专用化

实施优质专用马铃薯生产基地建设项目，在盆周山区和川西南山地区加快建设加工专用马铃薯标准化生产示范基地，为龙头企业建立稳定的原料基地，实现加工原料本地化；在平坝丘陵区建立标准化菜用马铃薯生产示范基地，生产优质菜用马铃薯。

5. 推动扶持加工营销，实现产业链条化

一方面，推动有关部门在政策、信贷、技术、税收等方面扶持马铃薯加工企业，提升龙头企业的产业化带动能力；另一方面，加强市场的培育和完善，在马铃薯主产区建设和完善马铃薯批发交易市场。同时，建立主产区农业部门联系服务龙头企业（专合组织、营销大户）的制度，以"企业（专合组织、营销大户）+农技体系+农户"的模式搞好服务。

二、区域布局和定位

为突出优势和重点，按照功能定位、生态适宜、规模优势、良种繁育与生产相结合、产业化开发及市场区位优势的布局原则，将四川马铃薯产业分为川西南山地优势区、盆周山区优势区和平坝丘陵优势区三个优势区域。其中，川西南山地优势区重点发展淀粉加工专用马铃薯，盆周山区优势区重点发展兼用型马铃薯和种薯生

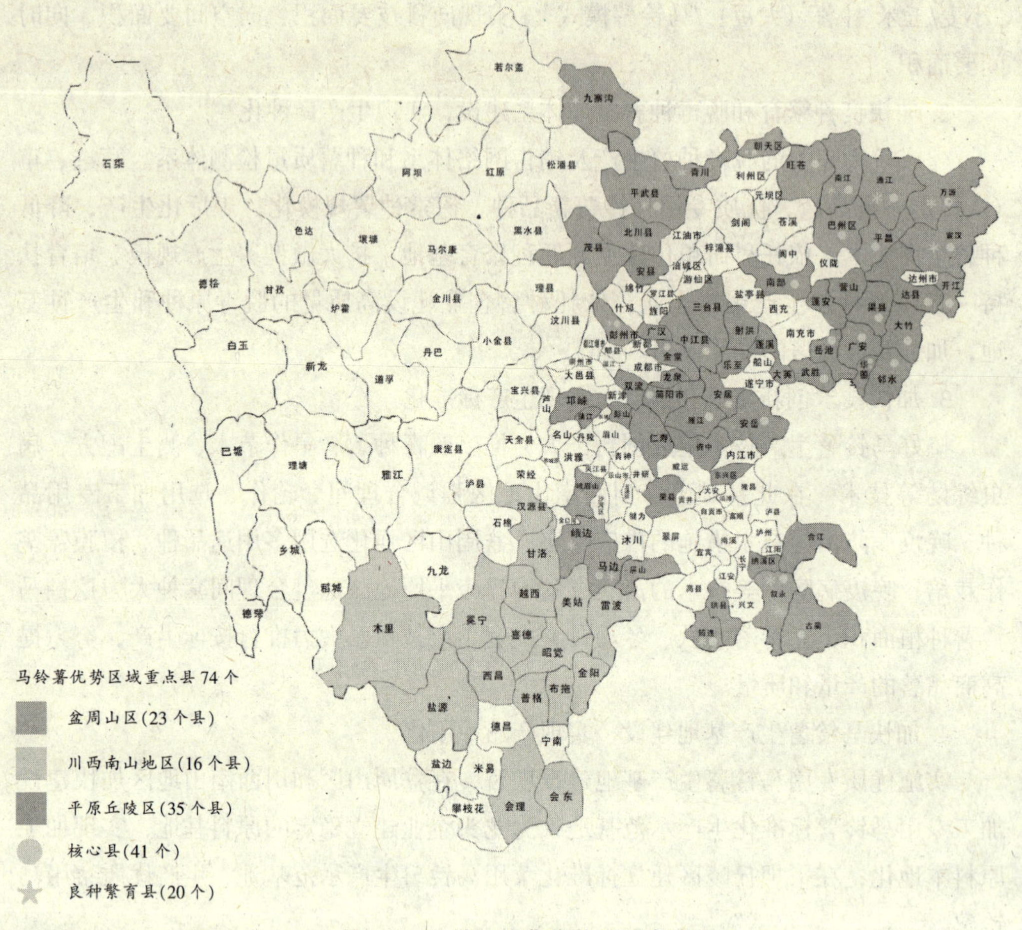

图 1-1 四川马铃薯优势区域布局图

产，平坝丘陵优势区重点发展菜用型马铃薯。

按照 2007 年马铃薯的面积，确定 8 万亩以上的核心县 41 个；按照条件适宜，确定良种繁育基地县 20 个。马铃薯优势区域布局如图 1-1。

（一）川西南山地优势区

区域特点：本区包括川西南地区的凉山彝族自治州（以下称凉山州）全部及雅安的汉源县和石棉县，重点县 16 个。区内以山地为主，立体气候明显，日照充足，昼夜温差大，年均温 13℃~21℃，年降雨量 700~1 200 毫米，非常适宜马铃薯生长。本区 2007 年马铃薯面积 184.8 万亩，总产 265.1 万吨，分别占全省的 20.2% 和 24.8%，是四川马铃薯主产区之一。马铃薯主要于 2~3 月份播种，7 月中、下旬到 9 月上旬收获，种植模式以一季净作为主，安宁河谷地带及低山地区有小面积的秋、冬马铃薯种植。优越的生态条件使本区生产的马铃薯淀粉含量较高，品质好，马铃薯产业化开发基础好，发展淀粉加工型马铃薯具有得天独厚的优势和条件。同时，由于本区地处云贵高原，海拔高，气候冷凉，是优良种薯的天然产地。

功能定位：重点发展高淀粉加工专用马铃薯，大力发展马铃薯淀粉加工业。

重点区域：核心县12个：盐源县、布拖县、昭觉县、越西县、会东县、金阳县、美姑县、雷波县、喜德县、普格县、冕宁县、汉源县；良种繁育基地县6个：盐源县、布拖县、昭觉县、越西县、喜德县、汉源县；其他重点县4个。

主要措施：引进、选育、推广高产、抗病的高淀粉马铃薯品种；进一步健全良种繁育体系，扩大脱毒种薯的生产规模，实现本地脱毒种薯自给；推广马铃薯高产高效配套栽培技术，实行无公害化、标准化生产，提高单产，改善品质；建立高淀粉加工专用马铃薯生产基地，为加工企业提供充足的原料，大力发展马铃薯淀粉加工业，加速产业化开发进程。

（二）盆周山区优势区

区域特点：本区包括盆周山区的达州、巴中、广元、绵阳、泸州、宜宾、乐山和雅安、甘孜藏族自治州、阿坝藏族羌族自治州、成都、广安的部分山区县，重点县23个。本区地貌复杂，海拔较高，立体气候明显，昼夜温差大，年均温度16℃，年降雨量1 000~1 600毫米，适宜马铃薯的生长。本区2007年马铃薯面积290.2万亩，总产315万吨，分别占全省的31.7%和29.5%，是四川马铃薯的又一主产区之一。本区马铃薯主要于1~3月播种（川西北高原地区播种期可推迟到4~5月播种），7月中、下旬到8月上旬收获，种植模式以马铃薯和玉米（蔬菜）间套作为主，少部分低山地区有秋马铃薯种植。本区气候冷凉湿润，自然生态条件优越，适宜多用途加工专用型马铃薯和优质种薯生产，通过几年的建设，已建成全省的多用途马铃薯生产基地和优质种薯生产基地。

功能定位：重点发展加工、菜用马铃薯和优质种薯。

重点区域：核心县（市、区）15个：宣汉县、万源市、开江县、通江县、南江县、平昌县、巴州区、旺苍县、朝天区、叙永县、古蔺县、筠连县、平武县、马边县、彭州市；良种繁育基地县（市、区）14个：宣汉县、万源市、通江县、南江县、朝天区、叙永县、筠连县、平武县、马边县、彭州市、北川县、峨边县、九寨沟县、华蓥市；其他重点县5个。

主要措施：推广高产、抗病的优质专用新品种，优化品种布局；建立高产高效的马铃薯良种繁育体系，培育一批种薯生产销售企业；推广高产高效配套技术，建立专用马铃薯生产基地，引导、发展马铃薯加工龙头企业。

（三）平坝丘陵优势区

区域特点：本区包括成都市、德阳市、资阳市、内江市、南充市、遂宁市、自贡市全部及绵阳市、乐山市、眉山市、广安市、达州市、泸州市、宜宾市的丘陵县，重点县35个。本区自然生态条件较好，热量充足，年平均气温16℃~18℃，无霜期290~330天，年降雨量900~1 300毫米，春、秋两季气候十分有利于马铃薯生长。此外，广安市、自贡市、泸州市、宜宾市海拔400米以下、年均气温17.5℃以上的地区，冬季大多数年份无雪、霜天气，可大力发展冬作马铃薯。本区良好的气候条件使马铃薯一年可种植三季。近几年因大力发展秋、冬马铃薯，特别是秋马铃薯，区域内马铃薯面积快速增长。2007年，本区马铃薯面积445.3万亩，总产487万吨，分别占全省的48.6%和45.6%，是四川马铃薯的又一主产区之一。本区马铃薯种植模式多样，旱地和稻茬田均可种植，扩大面积的潜力大，马铃薯鲜薯上市时间长，通过加快发展，可建成理想的菜用型马铃薯生产基地。

功能定位：重点发展菜用型马铃薯生产。

重点区域：核心县（市、区）14个：武胜县、岳池县、邻水县、广安区、大竹县、达县、渠县、简阳市、安岳县、雁江区、安居区、南部县、中江县、金堂县；其他重点县21个。

主要措施：优化种植模式，大力发展秋、冬马铃薯，努力挖掘马铃薯面积潜力；引进推广高产、优质、抗病菜用型品种，大力推广脱毒种薯及高产配套栽培技术，实行无公害化、标准化生产，大力培育马铃薯专业合作组织和营销大户，提高马铃薯的组织化生产水平。

第二章

马铃薯的生物学基础知识

第一节 马铃薯的形态特征

马铃薯为茄科、茄属一年生草本植物。生长习性分直立、扩散和匍匐三种类型（图 2-1）。与其他一年生草本植物一样，马铃薯植株也是由根、茎、叶、花、果实和种子等器官组成（图 2-2）。在形态上与其他植物不一致的是，它具有块茎，一种变态的茎，是最重要的经济器官。

图 2-1 马铃薯生长习性(图片来源于 CIP)

一、根

马铃薯的根系根据播种材料不同而不同，用种子繁殖的为直根系（图 2-3），有主根和侧根之分；用块茎繁殖的则为须根系（图 2-4），全部为不定根，没有主根、侧根之分，不定根从种薯幼芽基部发出，而后又分枝形成许多侧根。根系发育及分枝情况因品种和栽培条件不同而异。马铃薯根系分布浅，大部分品种的根系分布在土壤 30 厘米左右的深度，一般不超过 70 厘米，在沙质土壤中根深也可达 100 厘米以上。早熟品种根系一般不如晚熟品种发达，分布很浅，晚熟品种分布广而深。抗旱品种根系发达、拉力强，鲜重高。所以，种植马铃薯时要根据不同品种的属性和根系的分布情况来确定株、行距，才能获得高产。

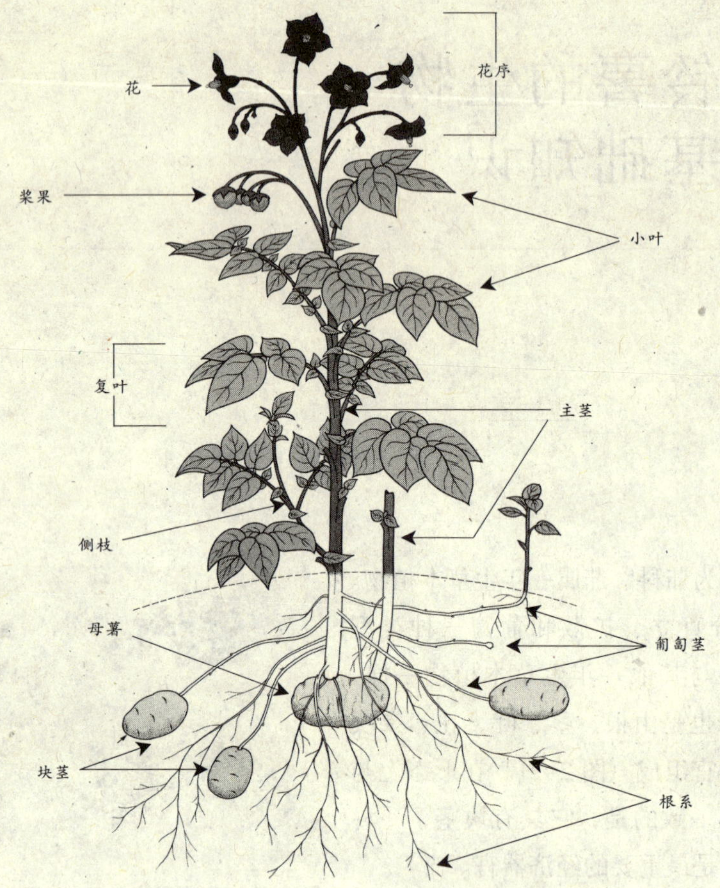

图 2-2　马铃薯植株（图片来源：国际马铃薯中心）

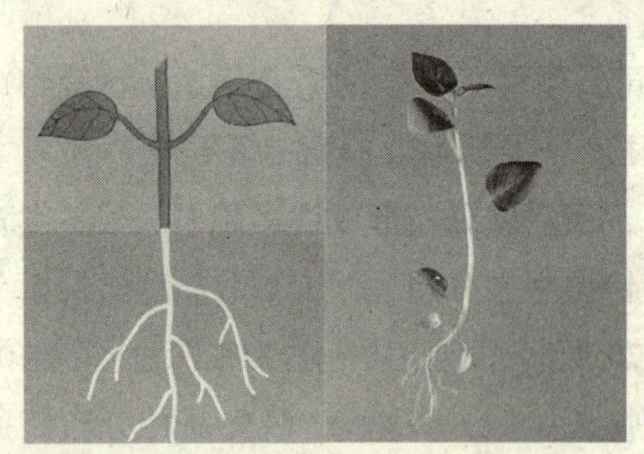

图 2-3　马铃薯直根系（图片来源于 GIP）

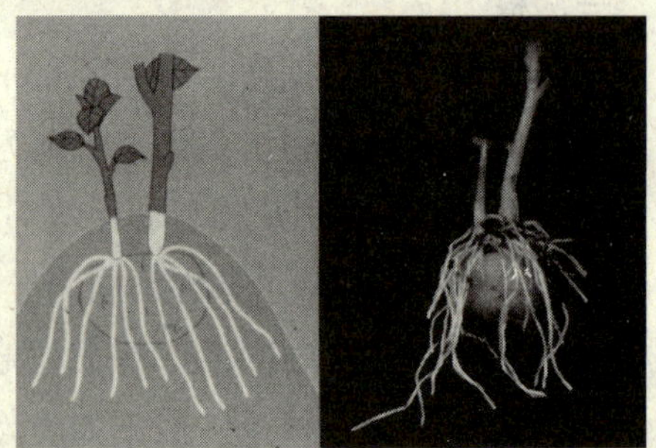

图 2-4　马铃薯须根系（图片来源于 GIP）

二、茎

马铃薯的茎分地上茎、地下茎两部分，有主茎、侧茎、匍匐茎和块茎（图 2-5）。它们起源于同一组织器官，但形态和功能各异。

从种薯上直接伸长的茎为主茎，一个植株可能有多个主茎，从主茎产生的分枝称为侧茎或侧枝。茎的颜色因品种而异有绿色、紫褐色等。一般早熟品种植株矮小，茎高 40~70 厘米，分枝少；中、晚熟品种植株高大，茎高 80~120 厘米，分枝多。

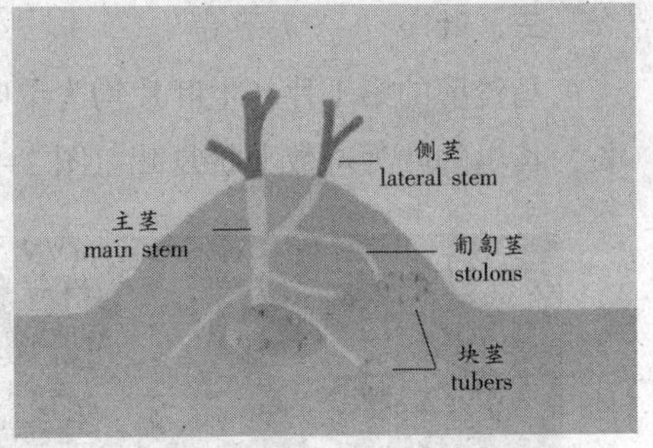

图 2-5　马铃薯的茎(图片来源于 GIP)

匍匐茎是主茎地下茎的腋芽伸长形成的侧枝，是形成块茎的器官。匍匐茎大部分集中在 5~20 厘米的土层内，匍匐茎越多，形成的块茎越多，如果覆盖不好，匍匐茎露于土表可能形成新的枝条　而不形成块茎。实生苗结薯与用块茎播种结薯情况不同。实生苗没有地下茎，实生苗产生匍匐茎，只能从地上的节部产生，而后像花生一样匍匐茎入土，才能形成块茎。在条件不适合时会全部变成分枝，不能形成块茎。所以不等植株长高就及时培土，把茎下部的节埋上，这对匍匐茎生长和结薯非常重要。

块茎既是马铃薯的经济器官又是繁殖器官，着生于匍匐茎顶端，是匍匐茎膨大形成，是茎的变态。块茎上有芽眉、芽眼和皮孔等。块茎与匍匐茎的连接处称为基部或脐部，另一端为顶部（图 2-6）。块茎上的芽眼呈螺旋状排列，基部稀，顶端密。马铃薯块茎的形状、皮色和肉色因品种不同而异。一个特定的品种，其块茎形状、皮色和肉色在正常栽培条件下不会发生变化，这些均是鉴别品种的重要指标。但因为栽培条件和栽培地点不同，有色品种的颜色深浅可能略有变化。马铃薯薯块形状有圆形、卵形、长卵形、椭圆形、长椭圆形、扁圆形、长扁圆形、长筒形等（图 2-7）；薯皮有光滑、粗糙或成网纹状；皮色有白、黄、红及紫色等；肉色一般白色到黄色，也有带红色、紫色的（图 2-8）；芽眼深浅有突出、浅、中等、深和很深。

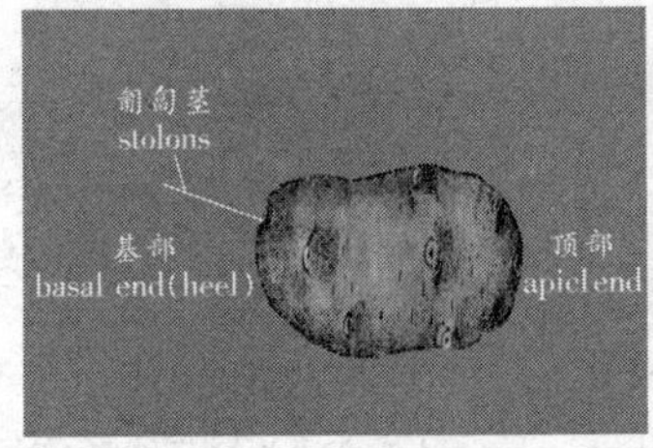

图 2-6　马铃薯的外部结构(图片来源于 GIP)

图 2-7　马铃薯薯块形状(图片来源于 GIP)

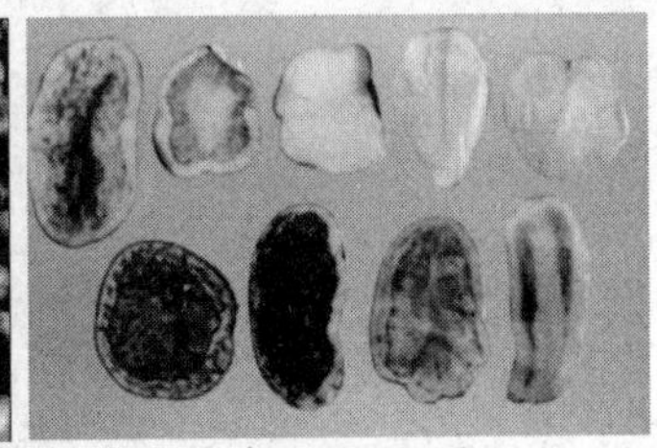

图 2-8　马铃薯块茎肉色(图片来源于 GIP)

三、叶

马铃薯的第1片初生叶片均为单叶，第2~5片为不完全复叶，以后随着植株生长，长出的叶为奇数羽状复叶（图2-9）。

图2-9 马铃薯复叶（图片来源于GIP）

图2-10 马铃薯花序（图片来源于GIP）

四、花

马铃薯的花为两性花，雄雌一体，属于自花授粉传播物，花序为顶生分枝型的聚伞花序（图2-10）。开花持续时间为花朵5天左右，花序15~20天；花冠的颜色有白、粉红、紫、蓝紫等。

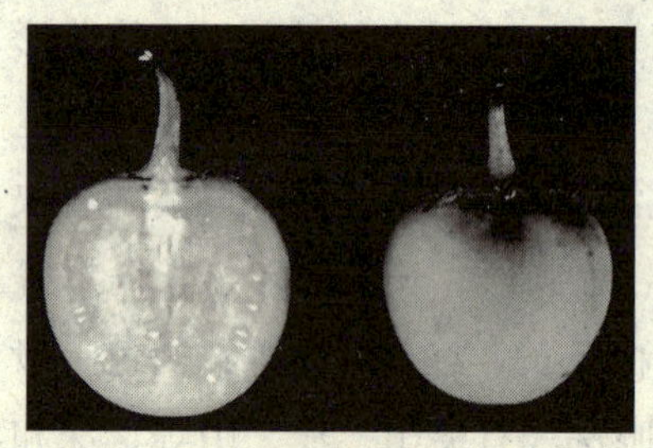

图2-11 马铃薯果实（图片来源于GIP）

五、果实、种子

马铃薯的果实为淡绿或紫绿色浆果，圆形，少数为椭圆形，看上去像小番茄（图2-11）。每个果实含100~250粒或更多种子（马铃薯真正的种子，称为实生种子），种子很小，呈扁平或卵圆形，千粒重0.5~0.6克，黄色或暗灰色，新收的种子有较长的休眠期（一般为6个月左右）。

第二节 马铃薯的生长发育

马铃薯在生长发育上与大多数农作物不同的是它不一定需要经过播种、发芽、开花和结实等全过程，即使没有开花和结实这两个关键过程，也能获得很好的收成和收益。在种子的来源上，马铃薯也与其他作物有很大的差别，农业生产普遍使用的种子称为种薯，也就是用块茎这个器官进行无性繁殖；马铃薯也可以用开花结果后获得的种子进行繁殖，这种繁殖方式主要用于马铃薯育种，少量用于农业生产。

一、马铃薯的生长发育过程

马铃薯从块茎到块茎的整个生活史包括：块茎—渡过休眠—萌发—出苗—幼苗生长—植株发育—新的块茎形成—块茎快速膨大—植株死亡—新块茎（图 2-12）。马铃薯生育期一般以播种后出苗到成熟之间的天数表示。由于马铃薯是营养繁殖的作物，其成熟期的特征不像禾谷类作物明显，生育期长短伸缩性很大。根据生育期长短划分为早、中、晚熟品种。马铃薯在田间的生育过程经历下列五个时期。

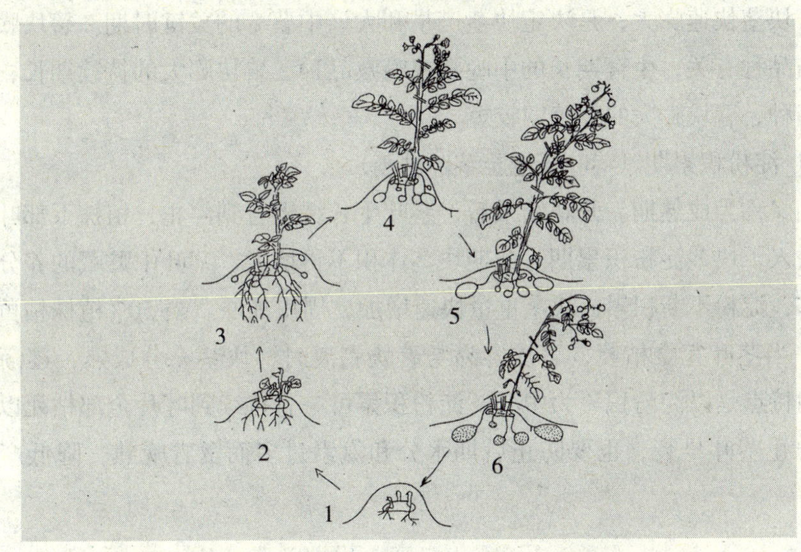

图 2-12 马铃薯从块茎到块茎的生活史(图片来源于 GIP)

（一）发芽期（萌芽至出苗）

从种薯解除休眠，芽眼处开始萌芽直至幼苗出土生长至 3~4 片微具分裂的幼叶的时期称发芽期。此期以根系形成和芽的生长为中心，发育强大根系是构成壮苗的基础，需要的水分和养分主要靠种薯供给。此期长 15~40 天，所需时间与土温有关，温度高所需时间短，温度低则所需时间长。

（二）幼苗期（出苗至孕蕾）

从出苗到第 8 叶或第 6 叶平展，长 15~25 天这个时期称幼苗期。此期以茎叶生长和根系发育为中心，同时伴随匍匐茎的形成和花芽的分化，植株发育好坏影响着块茎形成的数量。马铃薯无性繁殖时苗期短，幼苗速熟的特性是它不同于其他作物的最大特征之一。

（三）块茎形成期（孕蕾至开花初）

植株从团棵到主茎形成封顶，从孕蕾开始至地上部开始开花的时期称块茎形成期。此期生长中心已逐渐转向地上部茎叶生长和地下部块茎形成并进阶段，块茎形成并开始膨大，茎叶急剧增长，需 20~30 天。早熟种块茎形成期较中熟种早 4~5 天，较晚熟种早 10~15 天。此期是决定结薯多少的关键时期，应促控结合，既要促茎叶生长良好，又要防止茎叶疯长。

（四）块茎膨大期（盛花至茎叶衰老）

此期从块茎开始膨大和茎叶繁茂生长到茎叶衰老，是以块茎膨大和增重为中心的时期，块茎快速膨大，是决定块茎产量和大、中薯率的关键时期。薯块膨大期时间长短与品种有关，生育期长的中晚熟或晚熟品种，薯块膨大的持续期长；早熟与中早熟品种，薯块膨大的持续期较短。

（五）淀粉积累期（茎叶衰老至茎叶枯萎）

此期又称为成熟期。开花结果后，茎叶生长缓慢直到停止，植株下部叶片开始枯黄，进入了块茎淀粉积累期。此期块茎体积不再增大，茎叶中贮藏的养分继续向块茎转移，淀粉不断积累，块茎重量快速增加，周皮加厚。当 50%植株枯黄时，块茎成熟；当茎叶完全枯萎，薯皮容易与薯块剥离时，块茎充分成熟，逐渐转入休眠。此期特点是以淀粉积累为中心，淀粉积累可一直持续到叶片全部枯死以前。此期既要防止茎叶早衰，也要防止后期水分和氮素过多而贪青晚熟，降低产量和品质。

二、块茎的休眠和发芽

（一）块茎的休眠

马铃薯块茎收获后，需要经过一段时间才能萌芽，这一时期称为马铃薯的休眠期。刚收获的块茎，就是给予最好的条件也不会很快发芽，因新收的块茎内含有较高的脱落酸等抑制芽眼萌发的激素，抑制了块茎的萌芽，加之块茎外部致密的木栓化周皮阻止了块茎内外氧气交换使呼吸作用和生理代谢活动减弱。一般栽培的马铃薯品种，不管早熟种还是晚熟种，都有休眠期，休眠期长短与品种、收获时间和环境温度等有关。一般说来，早熟品种的休眠期比中晚熟品种的要短，同一品种在贮藏温度较高的条件下比在贮藏低温的条件下要短。马铃薯的休眠期一般为 2~3 个月。休眠期短的品种在块茎收获后 30~60 天即可发芽，休眠期长的品种需 90 天以上才能发芽；温度1℃~4℃时，块茎保持休眠状态不能萌发，温度升至20℃时，可缩短休眠时间；同一品种，幼小块茎的休眠期较完全成熟块茎的休眠期长，在试管中生产的微型薯休眠期更长。

休眠期长的品种适合一季作地区种植和加工利用。因块茎贮藏过程有较长的时间不需低温控制（防止发芽），可节省能源。休眠期短的品种适合二季作区栽培，因春薯收获后至秋播时间较短，休眠期长的品种催芽困难，常延误播期或发芽不整齐，影响产量。

（二）块茎的生理年龄

马铃薯种薯的生理年龄是指块茎作为种薯栽培时的生理状态以及栽培后植株在田间生长过程中表现的年龄状态。块茎的生理年龄对田间出苗早晚、茎叶长势、根系强弱、块茎发生早晚、块茎产量等都有重要影响。种薯的生理年龄一般用芽条数及其发育程度来表示，一般分为四个年龄状态（图2-13）：即没有萌芽的休眠块茎、只有一个顶芽发育的块茎、具有5~6个壮芽的块茎和具有多数衰老细芽的皱缩块茎，分别代表生理幼龄、少龄、壮龄和老龄块茎。

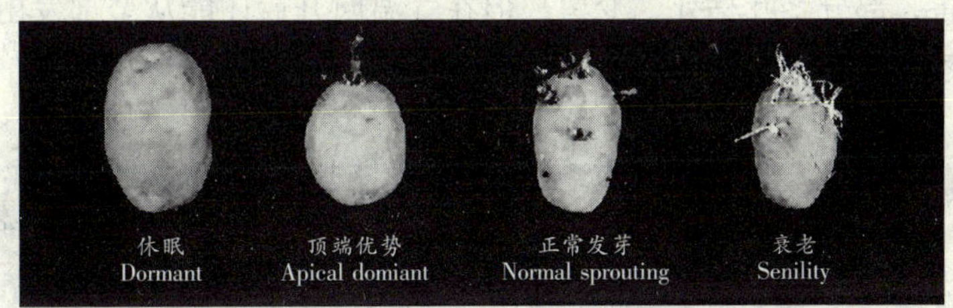

图2-13 马铃薯块茎发芽（图片来源：荷兰NAVAP组织）

同样的种薯，用不同生理年龄的块茎播种，对马铃薯生长和产量影响很大。用生理幼龄、少龄的块茎播种，出苗较晚、出苗不整齐、苗数不够、成熟晚、产量低；用生理老龄的块茎播种，虽然出苗早、苗数多，但茎叶衰败迅速，产量低；只有用生理壮龄的块茎播种，才能做到出苗早而齐、茎数多、根系强、叶面积发展快，产量高。

（三）块茎的催芽

块茎的休眠可以通过物理或化学方法打破，称为催芽。催芽是马铃薯高产栽培技术中的一项重要措施，能保证种薯生理年龄达到壮龄，并且能够保证萌发的芽长度适中、强壮。播前催芽，可以促进早熟，提高产量。常用的催芽方法有变温法和激素处理方法，通常可采用湿润稻草、湿沙等覆盖进行催芽，或用一定浓度的赤霉素（商品号为“九二〇”）浸种或喷雾催芽。

通过休眠期的块茎，芽眼中的主芽逐渐生长而开始萌发。块茎上不同部位的芽眼萌发的速度不同，顶部芽眼有顶端优势，较先发芽。

第三节 马铃薯的环境要求

一、温度

马铃薯性喜冷凉，不耐高温。虽然马铃薯栽种经过多年的人工选择，有早、中、晚熟不同品种类型，在多种气候条件下可以种植，但马铃薯植株和块茎在生物学上对温度的反应有自然特性。

（一）温度对块茎萌芽出苗的影响

块茎萌芽的最低温度为4℃~5℃，播种的马铃薯块茎在地面下10厘米深的土温达7℃~8℃时，幼芽即可生长，10℃~20℃时幼芽可茁壮成长并很快出土。播种早的马铃薯出苗后常遇到晚霜，一般气温降到-0.8℃时幼苗即受冷害，气温降到-2℃时幼苗受冻害，部分茎叶枯死、变黑，但在气温回升后还能从节部发出新的茎叶，继续生长（图2-14）。

图2-14 受冻害后继续生长

（二）温度对植株生长的影响

马铃薯植株生长的最低温度为 7℃，最适宜温度为 17℃~21℃，当温度在 29℃以上时，茎叶停止生长，气温在-1.5℃时，茎部受冻害，-3℃时茎叶全部枯死。开花最适温度为 15℃~17℃，低于 5℃或高于 38℃则不开花。开花期遇到-0.5℃低温，则花朵受害，-1℃使花朵致死。当然，因品种的抗寒性不同，对温度的反应也有差异。

（三）温度对块茎生长的影响

块茎生长的最适温度为 17℃~19℃，温度低于 2℃和高于 29℃时，块茎停止生长。昼夜温差大对块茎形成和膨大有利，以昼温 20℃~25℃和夜温 0℃~15℃最为适宜；日均温 25℃或以上时块茎几乎停止生长。生产实践中常遇到两种块茎生长的反常现象。

第一种现象是播种后块茎上的幼芽变成子块茎，也称闷生薯或梦生薯。这种现象是由于播种前块茎贮藏条件不好，窖温偏高，块茎休眠期过后即开始发芽，有的窖温在 10℃以上，块茎上子芽长得很长，播种后块茎内养分向幼芽转移时遇到低温，幼芽没有生长条件，又把养分贮藏起来形成新的小块茎（图 2-15）。如果播种时块茎未发芽或只是开始萌芽而未生长，待温度升高后才正常生长，这样就不会产生子块茎。

图 2-15 子块茎的形成

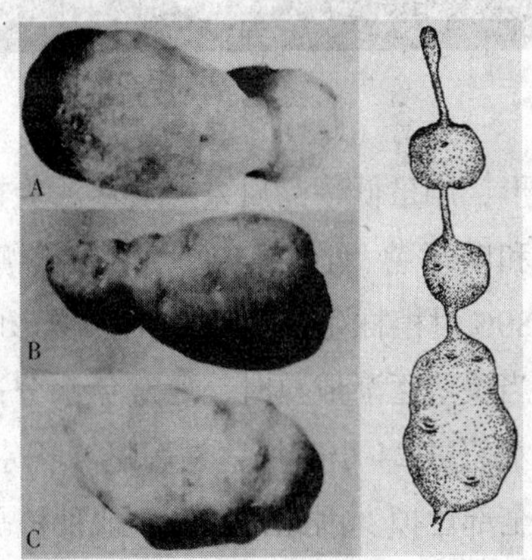

图 2-16 块茎二次生长

第二种现象是块茎的二次生长。在块茎遇到长时间高温时即停止生长，待浇水或降雨后土壤温度下降，块茎又开始生长，即二次生长，使块茎出现多种畸形，有的像哑铃，有的呈念珠状（图 2-16）。当然，这种现象与品种是否耐高温有很大关系。对高温敏感的品种遇到干旱缺水，土壤温度升高时，二次生长块茎特别多，而耐高温品种可不出现或很少出现二次生长。还有的品种在土壤温度高时，块茎发芽后长出地面变成枝条，这就会严重影响产量或降低块茎品质，对这类品种要及时灌溉降低土温。

二、水分

马铃薯耐旱，即使在严重干旱情况下也有一定的产量。但是，马铃薯根系分布浅，是水分敏感作物，生长过程中必须供给足够的水分才能获得高产。马铃薯的需水量与环境条件的关系密切而复杂。特别是与马铃薯叶片的光合作用和蒸腾作用，与植株所处的气候条件、土壤类型、土壤中有机质含量、施用的肥料种类与数量以及田间管理、马铃薯品种等，都有很大关系。

图 2-17 畸形薯

各生育阶段的需水量不同，苗期占全生育期需水量的 10%~15%、块茎形成期占 20%以上、块茎膨大期占 50%以上、淀粉积累期占 10%左右。块茎形成和块茎膨大期需水占全生育期需水量的 70%以上。需水敏感期在现蕾期即薯块形成期，需水量最多的时期是孕蕾至花期。若苗期干旱，植株发育不良；块茎形成期干旱，块茎数少；块茎膨大期干旱，块茎小、易畸形，产量低、品质差。块茎膨大期间若干湿失调，块茎时长时停，容易形成次生薯和畸形薯（图 2-17）。通常土壤水分保持在 60%~80%比较合适，土壤水分超过 80%对植株生长也会产生不良影响，尤其是后期应适当控制水分，防止茎叶徒长；当块茎逐渐成熟时，要避免水分过多引起块茎皮孔增生而影响产量和品质；如果积水超过 24 小时块茎易腐烂，积水超过 30 小时块茎大量腐烂，超过 42 小时块茎将全部烂掉。因此，在低洼地种植马铃薯要注意排水和实行高垄栽培。

三、土壤

马铃薯对土壤的适应范围较广，可以在不同的土壤类型中生长，但最适合马铃薯生长的土壤是轻质壤土。因为块茎在土壤中生长，有足够的空气，呼吸作用才能顺利进行。轻质壤土比较肥沃又不粘重，透气性良好，不但对块茎和根系生长有利，而且还有增加淀粉含量的作用。用这类土壤种植马铃薯，一般发芽快，出苗整齐，生长的块茎表皮光滑，薯形正常，而且便于收获。

粘重的土壤种植马铃薯，最好作高垄栽培。这类土壤通气性差，平栽或小垄栽培，常因排水不畅造成后期烂薯。土壤粘重易板结，常使块茎生长变形或块茎形状不规则。但这类土壤保水、保肥力强，只要排水通畅，种植马铃薯往往产量很高。对这类土壤的管理，中耕、除草和培土非常重要，一旦土壤板结变硬，田间管理很不方便，尤其培土困难，如块茎外露会影响品质。这类土壤生产的马铃薯块茎淀粉含量一般偏低。

沙性大的土壤种植马铃薯应特别注意增施肥料。因这类土壤保水、保肥力差。种植时应适当深播，因一旦雨水稍大，把沙土冲走，很易露出匍匐茎和块茎，不利于马铃薯生长，反而增加管理上的困难。沙土中生长的马铃薯，块茎特别整洁，表皮光滑，薯形正常，淀粉含量高，易于收获。

马铃薯是较喜酸性土壤的作物，土壤 pH 值 4.8~7.0，生长比较正常，以 pH 值 5.5~6.0 最为适宜，在最适宜的土壤 pH 值时，有增加块茎淀粉含量的趋势。但当土壤 pH 值 4.8 以下、土壤接近强酸性时，则植株叶色变淡，呈现早衰、减产；土壤 pH 值 7.0 以上，则绝大部分不耐碱的品种产量大幅度下降；土壤 pH 值 7.8 以上则不适宜种植马铃薯，这类土壤种植马铃薯不仅产量低，而且不耐碱的品种在播种后块茎的芽不能生长甚至死亡。另外，石灰质含量高的土壤种植马铃薯，容易发生疮痂病，应选用抗病品种和施用酸性肥料。

四、肥料

肥料是作物的粮食。有收无收在于水，收多收少在于肥。肥料不足或生长期间出现饥饿状态，就不可能高产。马铃薯是高产作物，需要的肥料较多。肥料充足时植株可达到最高生长量，相应块茎产量也高。氮、磷、钾三要素中马铃薯需要钾肥量最多，其次是氮肥，需要磷肥较少。

(一) 氮肥

氮素对产量形成的作用主要是促进茎叶生长，增加块茎数量，增大块茎体积，防止茎叶早衰。适量施用氮肥，能促进马铃薯枝叶繁茂、叶色浓绿，有利于光合作用和养分的积累，对提高块茎产量和淀粉含量有很大作用。马铃薯一生中均需氮素的不断供应，但在生育的中期需要量较多，前期和后期需要量较少。氮肥虽是马铃薯健康生长和取得高产的重要肥料，但是施用过量就会引起植株徒长，以致结薯延迟，影响产量。况且枝叶徒长还易受病害侵袭，会造成更大的产量损失。相反，如氮肥不足，则马铃薯植株生长不良，茎秆矮，叶片小，叶色淡绿或灰绿，分枝少，花期早，植株下部叶片早枯等，最后因植株生长势弱，产量很低。早期发现植株缺氮及时追肥，可以变低产为高产。实践证明，氮肥施用过多比氮肥不足更难控制。因苗期发现氮肥不足，可追施氮肥加以补充，而发现氮肥过多除控制灌水外，其他方法很难收效。而控制灌水常常造成茎叶凋萎，影响正常生长。因此，施用氮肥要注意适量，没有把握时，宁可苗期追施，不可基肥过量。据研究，每生产 1 000 千克块茎，需要从土壤中吸收 4.5~6 千克的纯氮。

（二）磷肥

磷肥虽然在马铃薯生长过程中需要较少，但却是植株健康发育不可缺少的重要肥料。磷素对马铃薯的营养生长、块茎形成以及淀粉的积累都有较大的促进作用，特别是能促进马铃薯根系发育，增强植株的抗旱和抗寒能力。此外，磷素还能提高块茎的耐贮性，减轻贮藏期的烂窖损失。磷肥充足时，幼苗发育健壮，还能促进早熟、增进块茎品质和提高耐贮性。磷肥不足时，马铃薯植株生长发育缓慢，茎秆矮小，叶面积小，光合作用差，生长势弱。缺磷时块茎外表没有特殊症状，切开薯肉常出现褐色锈斑。随着缺磷程度的增重，锈斑相应地扩大，蒸煮时薯肉锈斑处脆而不软，严重影响品质。每生产 1 000 千克块茎，需要从土壤中吸收五氧化二磷 1.66~1.85 千克。

（三）钾肥

钾元素是马铃薯苗期生长发育的重要元素。钾肥充足植株生长健壮，茎秆坚实，叶片增厚，组织致密，抗病力强。钾元素还对促进光合作用和淀粉形成有重要作用，钾肥往往使成熟期有所延长，但块茎大，产量高。缺钾时马铃薯植株节间缩短，发育延迟，叶片变小，后期叶片出现古铜色病斑，叶片向下弯曲，植株下部叶片早枯，根系不发达，匍匐茎缩短，块茎小，产量低，品质差，蒸煮时薯肉易呈灰黑色。据研究，每生产 1 000 千克块茎，需要从土壤中吸收氧化钾 8~10 千克。

此外，马铃薯还需要钙、镁、硫、锌、钼、铁、锰等微量元素，缺少这些元素时，也可引起病症，降低产量。但绝大部分土壤中这些元素并不缺乏，所以一般不需施用。

五、光照

马铃薯是好光作物，光照充足时枝叶繁茂，生长健壮，容易开花结果，块茎大，产量高。高原与高纬度地区，由于光照强、温差大，适合马铃薯的生长和养分积累，一般都能获得较高产量；在树荫下或与玉米等作物间套作时，如间隔距离小，共生时间长，玉米遮光，而植株较矮的马铃薯光照不足，养分积累少，茎叶嫩弱，不开花、块茎小，产量低；马铃薯单作，如用植株高大的品种，当密度大、株行距小时，也常因出现植株互相拥挤，下部枝叶交错，通风、透光差，而影响光合作用和产量。

光照可明显地抑制块茎上芽的生长。窖内贮藏的块茎在不见光的条件下通过休眠期后，如窖温较高，会长出又白又长的幼芽，但把萌芽的块茎放在散射光下（浴光催芽），即使在 15℃~18℃的温度下，幼芽也长得很慢。我国南方架藏种薯和北方播种前催芽，都是利用这一点来抑制幼芽的过度生长，而且在散射光下对种薯催大芽（图 2-18）是一项重要的增产措施。

图 2-18　种薯浴光催

图 2-19　块茎绿化现象

块茎见光，表皮变绿。播种浅和免耕稻草覆盖栽培的秋马铃薯稻草覆盖不好时，常出现块茎绿化现象（图 2-19）。

第三章

四川马铃薯主要栽培品种

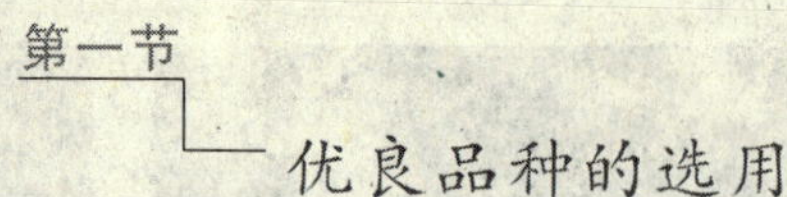

第一节 优良品种的选用

马铃薯既可利用浆果内的种子（实生种子）进行有性繁殖，也可以块茎进行无性繁殖。生产栽培与应用的品种主要是以块茎进行无性繁殖的品种。

一、优良品种的标准

优良品种就是人们所说的好品种。优良品种的标准：第一是丰产性强，即产量高；第二是抗逆性强，适应性广，能抗病虫害、抗旱、抗涝、抗其他自然灾害，在不同的自然地理条件、气候条件及生长环境中，都能很好地生长；第三是块茎的性状优良，薯形好，芽眼浅，大中薯率高，商品性好；第四是品质优良，干物质含量高，淀粉含量高或适当，食用性好，耐贮藏等；第五是有其他特殊优点，如保健的紫色肉薯，或极早熟，赶上市场最高的行情，又不耽误下一茬；薯形长得特殊，比如特别长，含还原糖低，非常适合油炸薯条用等。具体地说，马铃薯的优良品种，首先是块茎的产量高。如单株生产能力强，块茎个大，单株结薯个数适中等。其次是抗逆性和耐逆性强，在同样情况下，感病轻，减产少或不减产；对自然灾害的抵御能力强，能抗旱、抗涝、抗冻等；对不同土质、不同生态环境有一定的适应能力。简而言之，符合高产、优质、高效的马铃薯品种，就是优良品种。

二、优良品种的选用

因地制宜选用优良品种是增产增效益的有效措施，在一般情况下能增产 20%以上，在病虫害流行或种薯退化严重的情况下，常能成倍增加产量。选用什么样的优良品种要根据以下三个方面来确定：

(一）根据种植目的来选用

种植者可依据市场的需求，决定是种植鲜薯食用（菜用）型马铃薯供应市场还是鲜薯出口用，是种植加工专用型马铃薯供应加工厂还是繁育种薯用。即根据种植的目的来确定选用哪种类型的优良品种。

（二）根据生产条件来选用

根据当地的自然生态条件、生产条件以及当地的种植习惯与种植方式等方面，来选用不同的优良品种。如城市的郊区或有便利交通条件的地方，可选用早熟菜用型优良品种，以便早收获，早上市，多卖钱；平丘春秋二季作区种植，要选用生育期短、休眠期短、茎矮的中早熟品种，以便复种间套种植，周年取得最高最好的产量和效益；高海拔的盆周山区要选择高产、抗晚疫病等的中晚熟品种，以便充分利用现有的无霜期，取得更高的产量；癌肿病、青枯病等流行地方，要考虑选择抗病的品种；实行间套种植，要选择耐荫蔽、株型和生育期适宜的品种。

（三）根据品种特性来选用

雨水较多的地方，可选用耐涝的品种；冬作马铃薯的地方要选择抗寒的品种；晚疫病、疮痂病、青枯病等多发地区可选用抗晚疫病、疮痂病、青枯病等的品种。

第二节 优良品种引种要点

引种是指不同农业区域，不同省、市、自治区，或不同国家，引进农作物优良品种或品系，进行试验种植和大田示范，筛选出在当地可直接应用的品种，并把表现高产、抗病、优质的品种直接用于生产。采用引种的方法简便易行见效快，是把科技成果尽快转化为生产力的有效办法。优良品种的概念都是相对的，都具有一定的条件性，即只有当外界环境条件满足遗传特性要求时，才能表现出优良特性。一个品种在某一地区是良种，引到另一地区就不一定表现优良。马铃薯是一种适应性很广泛的作物，引种容易成功。但是，每个品种都是在一定的环境条件下培育出来的，只有在与培育环境条件一致或接近时引种才能成功。要避免盲目引种、调种，减少不必要的损失。

一、确定正确的引种目标

随着农业技术水平的提高和市场需求的发展，当地原有品种的增产潜力等特性已经不能满足要求，就需要引进更高产高效的优良品种。为了搞好马铃薯引种工作，首先必须明确种植的目的，引进什么样的品种？作什么用？是鲜薯食用、鲜薯销售，还是加工专用等？第二是要明确当地马铃薯生产对品种特性的要求、品种特有的抗性等，如在经常发生马铃薯晚疫病的地区则需要引进具有抗晚疫病特性的高产品种，青枯病流行地区则需要引进具有抗耐青枯病特性的高产品种；平坝浅丘二季作栽培地区需要引进具有早熟、休眠期短特性的品种，不宜引进中晚熟生育期长的品种等。总之，只有目标明确，引种效果才显著。

二、根据良种的适应性进行引种

引种目标确定以后，就要针对本地区的具体情况，考虑从哪些地区，引进什么类型的品种，才比较容易成功？对于将要引进的品种，首先要了解它的适应性。所谓适应性，是指品种本身具有的生长发育特性及对不同环境条件的适应能力。影响良种适应性的主要因素是温度、光照和栽培条件。不同的马铃薯品种对光照条件反应差异很大。一些结薯时对短日照反应敏感的品种引种到长日照地区往往结薯性很差。如在我国南方广西长期栽培的品种引种到北方黑龙江地区种植，一般会只长茎叶，表现更为晚熟；将适于一季作地区的晚熟品种引到二季作地区早春种植，往往在夏季高温到来时尚未结薯即枯死。

（一）气候要相似

地理位置距离较远的地方，主要看两地的气候条件是否接近。一是指在种植季节两地气候是否相似，二是指在不同季节两地的气候条件是否大体相似。

（二）要满足光和温度的要求

马铃薯是喜光作物，并对光敏感。从长日照地方引种到短日照地方，它往往不开花，对地下块茎的生长发育影响不是太大，但植株发育不全对鲜薯产量有相当影响；短日照品种引种到长日照地方后，有时则不结薯。温度对马铃薯生长关系极大。特别是在结薯期，如果土温超过了25℃，块茎就会停止生长。因此，引种时必须注意品种对光、温的敏感度。一般情况，由北方向南方引种，要引早熟、中早熟品种，争取在气温升高之前收获；由南向北引种，在不追求鲜薯产量的情况下早熟或晚熟品种均可以。

（三）要掌握由高到低的原则

由高海拔向低海拔、高纬度向低纬度调种容易成功。原因是高海拔、高纬度种植的马铃薯病毒感染轻，退化轻，引到低海拔、低纬度地方种植一般表现都好，成功率高。

（四）要按照试验、示范、推广的顺序进行

同一气候类型区内，在距离较近的地方引进品种，一般可以直接使用，不会出现大问题。但气候类型区不一样，距离较远的地方，大量引调品种及种薯必须经过试验和示范的过程。品种引进后首先要进行品种评价试验，并在 2 年以上的试验中，进行品种适应性、经济性等鉴定，所引进的品种如果在产量、质量和抗病等方面都优于当地品种和有利用价值，下一步就可以适当扩大种植面积，进行大田示范，进一步观察了解其在试验阶段的良好表现是否稳定，同时总结相应的种植技术经验。如果大田示范中的表现与试验结果相符，就可以确定在当地进行推广应用。这样做可以防止盲目引进给生产造成损失。当然这个过程要在农作物种子管理部门的指导和监督下进行。

（五）要严格植物检疫

引种时为了避免将危险的检疫性病害或虫害一同引入，首先要调查引调种地区域的病虫害流行情况，掌握植物病虫害检疫对象，不要在癌肿病、块茎蛾、青枯病等流行地方进行引调种薯。第一年应将引入材料种到检疫圃中，与马铃薯生产田区隔离，进行检疫观察后，无主要危险病虫害时，方可进一步试验或利用。另外，由于马铃薯病毒病种类较多，盲目大量引种，往往使当地毒源复杂化，增加马铃薯对病毒的感染率，给当地马铃薯生产带来极大的不利，这是在引种过程中需要特别注意的。最好采用脱毒种薯和原原种薯材料引种。通过引种检疫观察，对表现病症的植株要随时拔除，对退化严重而没有利用价值的材料及时淘汰。

注意检疫问题。引种和调种时，要有对方植物检疫部门开具的病虫害检疫证书，并取得当地植物检疫部门配合，严禁引进危险性病虫草害。

（六）要遵守国家相关法律法规

引种和调种，要遵守国家相关法律法规，特别是《中华人民共和国种子法》、《植物新品种保护条例》、《中华人民共和国进出境动植物检疫法》等。

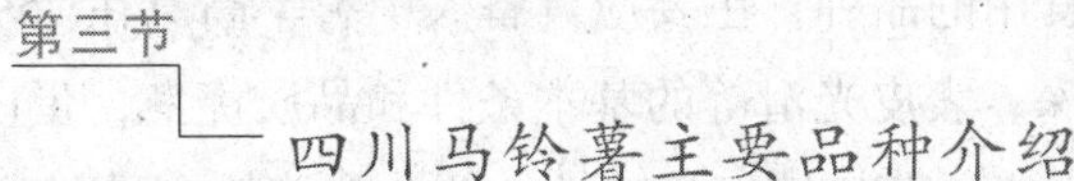

第三节 四川马铃薯主要品种介绍

有多种方法进行马铃薯的品种分类，以生育期和用途进行分类的方法最为常见。为了帮助四川马铃薯生产者选用合适的优良品种，下面简要介绍不同熟性、不同用途品种分类及适宜区域主要品种。

一、品种熟性分类

生产栽培的马铃薯品种，其块茎形成期与品种的熟性及开花期的长短有明显的一致性。一般块茎形成早品种熟期就早；开花晚的品种花期时间较长，块茎形成时期也较长，熟性为晚熟。但一些品种在不同生态区域种植，其熟性会有所变化，在高海拔、高纬度地区种植生育期会有所延长，反之，在低海拔和南方种植生育期会变短。马铃薯品种的生育期，四川一般根据播种后从出苗到成熟（茎叶枯黄）的天数来划分，根据生育期的不同，可将马铃薯品种熟性分为六类：

（1）特早熟品种　一般在播种出苗后60天左右就可收获的品种，如四川平丘区秋季播种的川芋4号、东北农业大学选育的东农303等。

（2）早熟品种　一般播种后从出苗到成熟在75天以内的品种，如川芋56、川芋早、川芋5号、川芋6号、川芋8号、中薯2号等。

（3）中早熟品种　一般播种后从出苗到成熟在76~85天的品种，如川芋39、川芋10号、川芋11号、费乌瑞它等。

（4）中熟品种　一般播种后从出苗到成熟在86~95天的品种，如凉薯8号、凉薯3号、大西洋、鄂马铃薯3号、鄂马铃薯5号等。

（5）中晚熟品种　一般播种后从出苗到成熟在96~105天的品种，如米拉、凉薯97、凉薯3号、陇薯3号、威芋3号、秦芋30、坝薯10号等。

（6）晚熟品种　一般播种后从出苗到成熟在105天以上的品种，如凉薯14、川凉薯1号、合作88、夏坡地等。

二、专用品种分类

根据马铃薯鲜薯商品性的不同用途将马铃薯品种分为：

1. 鲜薯食用型品种

作为鲜薯食用的品种，主要应具备大中薯率高（在75%以上）、薯形好、薯块整齐、芽眼不深、表皮光滑等的基本条件和品质优良，蛋白质、维生素C含量高，食味优良及炒、煮、蒸口感好等特性。鲜食对淀粉含量要求不高，以淀粉含量中等的较好，不易炒煮糊。但炒食时干物质含量不能太高，否则炒出的丝易断，吃起来不脆；用于煮食（特别是炖食）时，干物质含量应适当高一些，否则吃起来不面，口感较差。对薯皮和颜色，不同地区的人们有不同的要求，有人喜欢黄皮黄肉品种，有人喜欢红皮黄肉品种。鲜薯食用出口品种还须耐贮藏和运输等。主要品种有川芋56、川芋早、川芋4号、川芋39、川芋5号、川芋8号、川芋10号、凉薯97、凉薯3号、凉薯14、费乌瑞它、鄂薯5号等。

2. 淀粉、全粉原料加工型品种

任何马铃薯品种都可用于淀粉加工，但用不同淀粉含量的马铃薯作原料时，淀粉加工成本差异很大。一个年产万吨的淀粉厂用淀粉含量16%的原料比用14%的原料可节约8 000吨左右的原料，用淀粉含量18%的原料比用16%的原料可节约6 000多吨的原料。所以，淀粉、全粉加工专用品种，除了要求鲜薯产量高以外，关键的是块茎干物质含量高，一般要求淀粉含量应达16%以上，还原糖含量应低于0.4%以下，不空心，同时芽眼最好浅一些，便于加工时清洗，但对大中薯率和块茎表面形状要求不严格。目前的高淀粉马铃薯品种不多，特别是高淀粉含量和单位面积产量稳定的品种不多，一些品种在育成地的淀粉含量较高，但种植在其他地区，则淀粉含量和块茎产量都会下降。主要品种有川芋10号、川芋6号、川芋11号、凉薯14、凉薯8号、米拉、大西洋、南福塔、合作88等。

3. 鲜薯油炸食品加工型品种

这类加工对马铃薯品种的要求较高，要求芽眼浅，容易去皮，干物质含量19.6%以上，还原糖含量在0.2%以下，休眠期较长，且耐贮藏。其中：

（1）油炸薯条品种　要求薯形长形或长椭圆形，长度在6厘米以上，宽不小于3厘米，重量要在120克以上；白皮或褐皮白肉，无空心，无青头；大中薯率要高，120克以上的薯块应占80%以上。薯肉质地均匀，相对密度大于1.090，较耐低温贮藏。目前生产上可应用的品种有川芋10号、夏坡地等。

（2）油炸薯片品种　要求薯形接近圆形，大小适中，75~150克重的薯块所占比例要大，一般单株结薯个数多的品种其中等大小的薯块比例大；块茎不空心，薯肉质地均匀，相对密度大于1.085，较耐低温贮藏。目前生产上可应用的品种有川芋56、川芋早、川芋39、川芋10号、大西洋、合作88等。

4. 其他专用型品种

还有保健的紫色薯及饲用型等专用型品种。

三、主要种植区域适宜品种介绍

马铃薯种植区域品种不是严格区分的，一般中早熟品种在高山区及高纬度地区也可种植，但鲜薯产量不及中晚熟品种高；中晚熟品种在低海拔的平丘区种植，不仅产量可能低，有的品种可能只开花不结薯，有的品种却因种薯生理年龄壮龄和适应性广也可获得高产；短日照品种在长日照条件下，结薯困难；低山平丘区春秋两季种植还应注意品种的休眠特性。

（一）低山平丘区品种

低山平丘区种植马铃薯主要是间套种植，宜选用生育期短、休眠期短的中早熟品种。

1.川芋 56

由四川省农业科学院作物研究所育成，1987 年通过四川省品种审定，1991 年定为四川省主推品种，1992 年获四川省科学技术进步三等奖。该品种早熟，生长期短，从出苗到成熟 67 天左右；株型开展，株高 50 厘米左右，主茎粗壮，叶绿色，复叶较大，花冠白色；块茎椭圆形，表皮光滑，黄皮黄肉，芽眼较浅（图 3-1），块茎较大而整齐，结薯集中；块茎商品性好，品质优良，淀粉含量 13.5%，还原糖含量 0.19%，适合鲜薯食用；块茎休眠期短，夏收后为 30~40 天，冬收后 50 天左右即开始萌芽，耐贮藏；田间抗 X、Y 病毒，高抗癌肿病，较抗晚疫病，不抗青枯病。该品种主要在西南马铃薯二季作地区栽培，因植株较矮，适合与玉米等作物间套作，每亩种植 4 000 株左右。严格选用不带青枯病种薯作种和禁止在病地种植。

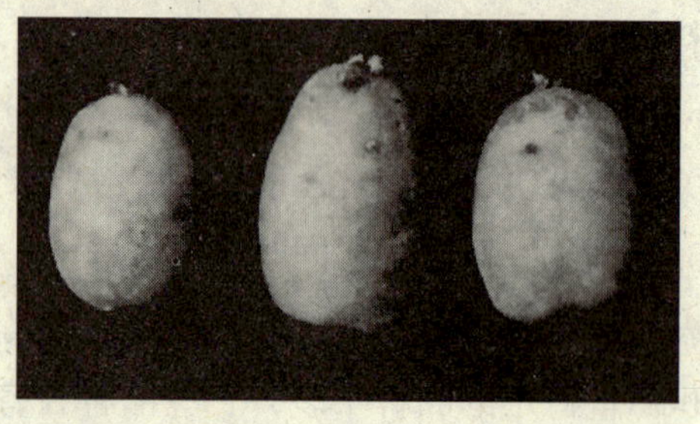

图 3-1 川芋 56
（图片来源：四川省农业科学院作物研究所）

2.川芋早

图 3-2 川芋早
（图片来源：四川省农业科学院作物研究所）

由四川省农业科学院作物研究所选育，1991 年通过四川省品种审定。该品种早熟，出苗后 70 天左右收获；植株呈展开形、株高 60 厘米左右，茎秆粗壮，复叶较大，花冠白色；薯形椭圆，薯皮光滑，黄皮淡黄肉，芽眼浅（图 3-2），块茎大而整齐，结薯集中；大薯率 85%以上，块茎品质好，淀粉含量 14.19%，还原糖为 0.04%，块茎休眠期短，夏收后 35~40 天，冬收后 50 天左右。丰产性好，抗普通花叶病毒和卷叶病毒，较抗晚疫病。宜于四川浅丘、平坝地区作春秋两季栽培，并能和其他作物间套复种；由于块茎商品性好，并能提早上市，是城市郊区、厂区作蔬菜种植的好品种。净作每亩密度 5 000 株左右，与玉米间作每亩密度 3 500~4 000 株。

3. 川芋 5 号

由四川省农业科学院作物研究所选育，2000 年通过四川省品种审定。早熟，株高 54 厘米，且植株矮健，分枝少，叶色绿，复叶较小，花紫色；结薯集中，块茎扁圆，黄皮黄肉，表皮光滑，芽眼较浅（图 3-3），有时显紫色，大中薯率 64.9%；休眠期较短为 59 天，耐贮；淀粉含量 13.66%，干物质含量为 19.4%，还原糖含量仅为 0.15%，大大低于国家加工品种 0.4%的含量标准，是一个商品性好、菜用和加工兼用品种。高抗晚疫病，抗病毒性强。适宜四川主产区及中、低海拔地区春、秋净作和与其他作物间套栽培。冬播可提早一个月上市，商品价格好。

图 3-3　川芋 5 号（图片来源：四川省农业科学院作物研究所）

4.川芋 39

由四川省农业科学院作物研究所育成，1996 年通过四川省品种审定。中早熟；茎矮（50.9 厘米），田间植株生长繁茂；块茎表皮光滑、黄皮黄肉，芽眼少且深度中等（图 3-4）；块茎休眠期中等，休眠性较浅，耐贮；淀粉含量 15.14%，还原糖为 0.30%；具有高抗卷叶和花叶病毒、抗晚疫病的特性，高产、喜阳、耐瘠。宜在四川一、二季混作区种植。

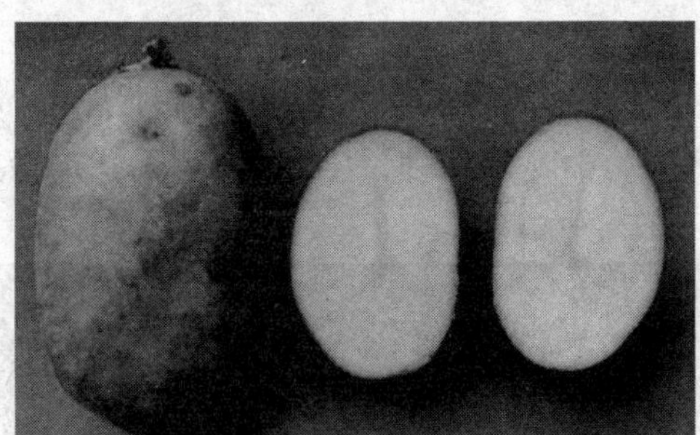

图 3-4　川芋 39
（图片来源：四川省农业科学院作物研究所）

图 3-5　川芋 8 号
（图片来源：四川省农业科学院作物研究所）

5.川芋 8 号

由四川省农业科学院作物研究所育成，2005 年通过四川省品种审定。早熟，省区试中生育期 70 天左右；株高 47.2 厘米，复叶大小中等，花冠白色；块茎椭圆形，薯皮乳白色，薯肉白色，表皮光滑，芽眼浅（图 3-5），块茎商品性好，结薯集中，单株结薯 3~5 个，大中薯率 83.25%，休眠期中等，较耐贮；鲜薯食用性好，干物质含量 18.07%，还原糖含量 0.037%；较抗晚疫病，病毒退化轻。适应四川主产区及中、低海拔地区春、秋净作和与其他作物间套栽培。

6.鄂马铃薯 3 号

由湖北省恩施南方马铃薯研究中心育成，2000 年通过湖北省品种审定。中熟，生育期从出苗到成熟 90 天左右；株型半扩散，株高 60 厘米左右，生长势较强，茎、叶均为淡绿色，叶片肥大，花冠白色；块茎扁圆形，黄皮白肉，表皮光滑，芽眼浅（图 3-6），块茎较大，结薯集中；块茎食用品质优良，耐贮藏；鲜薯干物质含量 24.1%，淀粉含量 18.2%，还原糖含量 0.11%，适合鲜薯食用和炸片、淀粉、全粉加工用；植株高抗晚疫病，轻感花叶病毒病（马铃薯 X 病毒、马铃薯 Y 病毒），耐青枯病。

图 3-6 鄂马铃薯 3 号（图片来源：万源市农业技术推广站）

7.鄂马铃薯 5 号

由湖北省恩施南方马铃薯研究中心育成，2005 年通过湖北省品种审定，2006~2007 年参加国家中晚熟西南组区域试验。中晚熟品种，生育期 94 天。株型扩散，

图 3-7 鄂马铃薯 5 号（图片来源：南充市农业科学研究所）

株高60厘米左右，茎、叶均为绿色，叶小，花白色；大薯为长扁形，中小薯为扁圆形，表皮光滑，白皮白肉，芽眼浅（图3–7），结薯集中；淀粉含量18.9%，还原糖含量 0.16%~0.203%；高抗晚疫病，抗马铃薯花叶病和卷叶病。可作鲜薯食用、淀粉和全粉加工用。

8.中薯2号

由中国农业科学院蔬菜花卉研究所育成，1990年通过北京市品种审定。早熟，生育期70天左右。株高65厘米左右，分枝较少，株型扩散，生长势强，茎紫褐色；叶色深绿，复叶中等大小，花冠紫红色；块茎近圆形，皮肉淡黄，表皮光滑，芽眼深度中等（图3–8）；结薯集中，块茎大而整齐，单株结薯4~6块；休眠期短，2个月即可通过休眠。块茎品质好，淀粉含量14%~17%，还原糖0.2%左右，适合鲜食用和加工用。植株抗X病毒，田间不感染卷叶病毒，感染Y病毒和疮痂病。植株较矮，可与玉米等作物间套作，适合二季作栽培。

图3–8　中薯2号
（图片来源：《马铃薯栽培技术》）

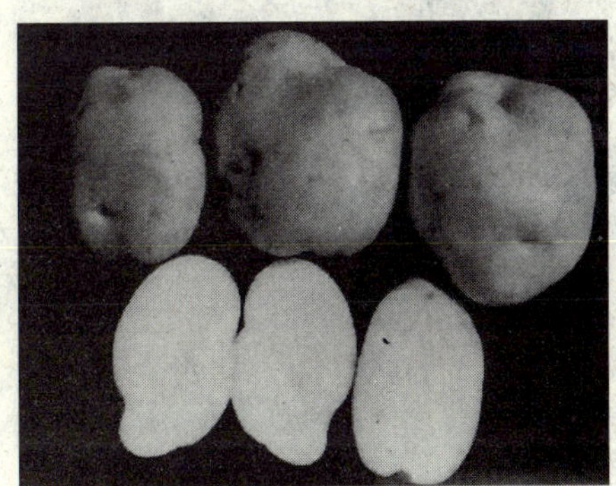

图3–9　中薯3号
（图片来源：九寨岷山公司）

9.中薯3号

由中国农业科学院蔬菜花卉研究所育成，1994年通过北京市品种审定。早熟，春播从出苗至收获65~70天。株型直立，株高60厘米左右，茎粗壮、绿色，分枝少，生长势较强；复叶大，叶色浅绿，叶缘波状；花冠白色；薯块卵圆形，顶部圆形，浅黄色皮肉，芽眼少而浅，表皮光滑（图3–9）；结薯集中，薯块大而整齐；块茎休眠期50天左右，耐贮藏。食用品质好，鲜薯淀粉含量12%~14%，还原糖含量0.3%，适合鲜薯食用。植株较抗病毒病，不感疮痂病，不抗晚疫病；适应性较广，较抗瘠薄和干旱，稳产性较好。适于二季作区春、秋两季栽培和一季作区早熟栽培。

10.费乌瑞它

1980 年由农业部种子局从荷兰引入。中早熟，株型直立，分枝少，株高 65 厘米左右，茎紫褐色，生长势强，叶绿色，茸毛中等多，复叶大、下垂，叶缘有轻微波状，花冠蓝紫色；块茎长椭圆形，顶部圆形，皮淡黄色肉鲜黄色，表皮光滑，块茎大而整齐，芽眼少而浅（图 3-10），结薯集中，块茎膨大速度较快；块茎休眠期短，贮藏期间易烂薯；鲜薯干物质含量 17.7%，淀粉含量 12.4%~14%，还原糖含量 0.3%。易感晚疫病，感环腐病和青枯病，抗 Y 病毒和卷叶病毒，植株对 A 病毒和癌肿病免疫。蒸食品质较优，适合鲜薯食用和鲜薯出口。适合各地作早春蔬菜栽培。是目前最主要的鲜薯出口品种。该品种较耐水肥，退化较快，应选择在水肥条件较好的地块，施足基肥种植。

图 3-10　费乌瑞它
（图片来源：《中国马铃薯主要品种彩色图谱》）

图 3-11　米拉
（图片来源：《中国马铃薯主要品种彩色图谱》）

（二）盆周山区品种

盆周山区种植马铃薯宜选择高产、抗晚疫病等的中晚熟品种。

1.米拉

米拉是 1956 年从原民主德国引入我国的品种，20 世纪 50 年代在四川推广至今。中晚熟，生育期从出苗到成熟 100 天左右；株型开展，分枝较多，株高 60 厘米左右，生长势强，茎绿色带紫褐色斑纹，复叶中等大小，叶绿色，花冠白色；块茎圆形，黄皮黄肉，表皮稍粗，芽眼较多，中等深度（图 3-11），结薯较分散，块茎中等大小，休眠期长，耐贮藏；食用品质优良，鲜薯干物质含量 25.6%，淀粉含量 14%~18%，还原糖含量 0.25%。植株较抗晚疫病、癌肿病，不抗粉痂病，感青枯病，轻感卷叶和花叶病毒病。该品种适合西南山区种植的主栽品种。该品种耐肥，栽培时要注意增施肥料，与玉米套种时要适当放宽行距，净作适宜密度每亩 4 000 株左右。

2.川芋 6 号

由四川省农业科学院作物研究所育成，2004 年通过四川省品种审定，并被四川省农业厅推荐为四川省重点推广品种。早熟，生育期 74.5 天；茎矮，株高 42.5 厘米，植株生长繁茂，株型直立，复叶大小中等，花冠白色；块茎圆形，薯皮黄色，薯肉白色，表皮光滑，芽眼深度中等（图 3-12），结薯集中，单株结薯 4~6 个，大中薯率 81.02%，休眠期较长，收获时田间烂薯少，耐贮。鲜薯块茎干物质含量 21.67%，炸片口感好，色泽均匀，符合炸片标准，是鲜薯食用和加工兼用型品种。抗马铃薯 X 病毒、马铃薯卷叶病毒，较抗马铃薯 Y 病毒病，抗晚疫病，耐青枯病。适应四川主产区及中、低海拔地区春、秋净作和与其他作物间套栽培。

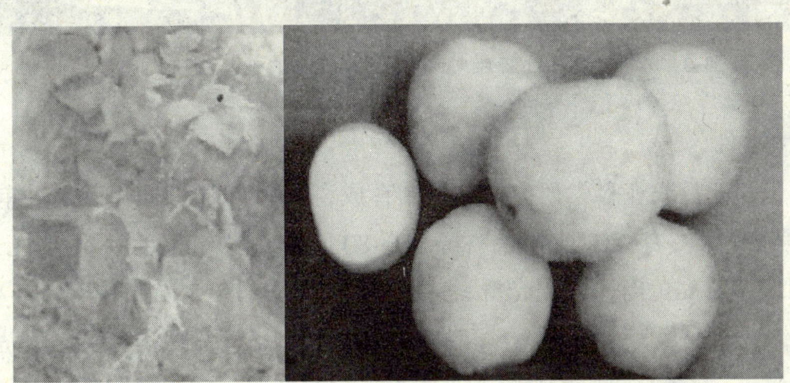

图 3-12　川芋 6 号（图片来源：四川省农业科学院作物研究所）

3.凉薯 97

由四川省凉山州昭觉农业科学研究所育成，1986 年四川省农作物品种审定委员会委托凉山州品种审定小组审定通过。中晚熟，从出苗到成熟生育期为 100 天左右；株高 60~80 厘米，单株结薯 8~10 个，结薯集中，薯形椭圆，块茎黄皮黄肉，表皮光滑，芽眼较少（图 3-13），休眠期长；块茎淀粉含量 15.6%。抗癌肿病，较抗晚疫病，病毒病轻。适宜四川省凉山州等一季区种植。适宜密度亩植 4 000~4 500 株。

图 3-13　凉薯 97
（图片来源：昭觉高山作物试验站）

4.凉薯 14

由凉山州农业技术推广站育成，1993 年通过凉山州品种审定。晚熟，生育期 110 天左右；株型直立，株高 85~90 厘米，茎粗，茎叶绿色，花白色；块茎椭圆，皮色乳白肉淡黄，芽眼中等（图 3-14）。结薯集中，大中薯率为 85%~90%；食味性好，淀粉含量 20%，属淀粉加工型品种；抗晚疫病，适宜四川省凉山州等一季区种植。

图 3-14　凉薯 14（图片来源：凉山州西昌农业科学研究所等）

5.凉薯 8 号

由凉山州西昌农业科学研究所高山站育成，2006 年通过四川省品种审定。中熟，生育期 90 天左右；株型松散，株高 50~80 厘米，茎、叶均为绿色，花冠白色；块茎椭圆形，黄皮黄肉，表皮光滑，芽眼较浅（图 3-15），数量中等，结薯集中，单株结薯较多，商品薯率较高，块茎休眠期中等，较耐贮藏；食用品质好，鲜薯干物质含量 23.51%、淀粉含量 17.8%、还原糖含量 0.19%，适合鲜薯食用和淀粉加工。植株高抗晚疫病，抗马铃薯 Y 病毒、马铃薯 X 病毒、癌肿病。适宜凉山州二半山、山区及邻近类似地区和盆周山区种植。亩植 4 000~4 500 株。

图 3-15　凉薯 8 号
（图片来源：昭觉高山作物试验站）

6.川凉薯 1 号

由凉山州西昌农业科学研究所高山站育成，2008 年通过四川省品种审定。晚熟，生育期 110 天左右；株型扩展、分枝数中等、株高 60~70 厘米，生长势较强，茎绿色，叶绿色、茸毛中等、复叶大小中等，花冠白色；薯块椭圆形、黄皮白肉，芽眼数量中等、深度浅、表皮光滑（图 3–16），耐贮藏；结薯集中，平均单株结薯 10.3 个，一般大中薯比例 74.60%；休眠期中等，出苗率高，幼苗生长健壮，植株生长整齐；干物质 23.2%、淀粉含量 17.67%、还原糖含量 0.10%，适合鲜食及淀粉加工。抗晚疫病、卷叶病，感轻花叶病毒。适宜凉山州等一季作区种植，每亩以植 4 000~4 500 株为宜。

图 3–16　川凉 1 号（图片来源：昭觉高山作物试验站）

7.秦芋 30 号

由陕西省安康市农业科学研究所育成，2002 年通过陕西省品种审定，2003 年通过国家审定。中晚熟，生育期 95 天左右；株型较扩散，生长势强，株高 38.1~78 厘米；茎、叶均为绿色，复叶椭圆形，顶小叶较大，托叶镰刀形，花冠白色（图 3–17）；块茎长扁形，小薯近圆形，肉淡黄色，表皮光滑，芽眼浅而少，结薯集中；

图 3–17　秦芋 30 号（图片来源：万源市农业技术推广站）

块茎休眠期 80~150 天，耐贮藏；淀粉含量 15.4%~17.04%，还原糖含量 0.19%，可作鲜薯食用、全粉加工用。植株高抗晚疫病，轻感马铃薯花叶病毒，抗马铃薯卷叶病毒。每亩种植 4 000~4 500 株，套种 3 000~3 500 株。

8.陇薯 3 号

图 3-18 陇薯 3 号
（图片来源：《马铃薯栽培技术》）

由甘肃省农业科学院粮食作物研究所育成，1995 年通过甘肃省品种审定。中晚熟；株型半直立，株高 60~70 厘米；粗壮，叶深绿色，复叶大，花冠白色；块茎为扁圆形或椭圆形，皮稍粗，块大而整齐，黄皮黄肉，芽眼浅（图 3-18），呈淡紫红色，薯顶芽眼下凹；结薯集中，单株结薯 5~7 块，大中薯率为 90%~97%；块茎休眠期较长，耐贮藏；食用品质优良，口感好，淀粉含量平均 21.2%，最高 24.25%，还原糖含量 0.13%，龙葵素 0.15 毫克/100 克鲜薯，适合加工淀粉和食用。植株抗晚疫病、花叶病和卷叶病毒病。产量高。主要在四川广元一带引进种植。一般每亩种植 4 000~4 500 株，旱薄地种植 3 000 株左右。

9.坝薯 10 号

由河北省张家口坝上农业科学研究所育成，1987 年通过河北省品种审定。中晚熟，生育期 100 天左右；株型直立，株高 80 厘米左右，主茎粗壮，分枝数中等，生长势较强，叶绿色，复叶大，花白色；块茎扁圆形，皮和肉均为淡黄色，表皮光滑，芽眼中等深度（图 3-19）；结薯集中，块茎较大，休眠期较长，耐贮藏；食用品质中等，鲜薯淀粉含量 17%左右，还原糖含量 0.2%，适于鲜薯食用。植株抗晚疫病，较抗环腐病，感疮痂病，病毒性退化轻，田间表现耐 X、Y 病毒病；抗旱性强。

图 3-19 坝薯 10 号（图片来源：九寨岷山公司）

（三）名特及专用品种

1.川芋 10 号

由四川省农业科学院作物研究所育成，2006 年通过四川省品种审定。中早熟，生育期 80 天左右；植株生长繁茂，株型直立，株高 60.8 厘米，复叶小，花冠白色；块茎椭圆形，薯皮浅红杂色，薯肉黄色，表皮光滑，芽眼浅、少呈红色（图 3-20），结薯集中，单株结薯 4~5 个，大中薯率 80.0%，休眠期中等，耐贮；鲜薯块茎干物质含量 25.55%（淀粉含量为 19.8%），还原糖含量 0.019%。炸片测试，口感好，色泽均匀，符合炸片标准，是鲜薯食用和加工兼用型品种。抗马铃薯卷叶病病毒、较抗马铃薯 Y 病毒，抗晚疫病。适应四川主产区及中、低海拔地区春、秋净作和与其他作物间套栽培。

图 3-20 川芋 10 号
（图片来源：四川省农业科学院作物研究所）

2.大西洋

由美国育成，1978 年由农业部引入我国。中熟，生育期从出苗到成熟 90 天左右；株型直立，分枝数中等，株高 50 厘米左右，生长势较强，叶绿色，复叶肥大，叶缘平展，花冠浅紫色（图 3-21）；块茎介于圆形和长圆形之间，顶部平，淡黄皮白肉，表皮有轻微网纹，芽眼浅，块茎大小中等而整齐，结薯集中；块茎休眠期中等，耐贮藏；鲜薯淀粉含量 15%~17.9%，还原糖含量 0.03%~0.15%，作炸片专用型品种。植株不抗晚疫病，对马铃薯轻花叶病毒马铃薯 X 病毒免疫，较抗卷叶病毒病，感束顶病、环腐病。该品种喜肥水，适应性较广，四川宜在一季区示范种植。种植密度每亩一般应在 4 500 株以上，并加强水肥管理和对晚疫病严格防治。

图 3-21 大西洋（图片来源：《马铃薯高效栽培技术》和九寨岷山公司）

3.夏坡蒂

由 1980 年加拿大育成，1987 年引入我国试种。晚熟，株型开展，株高 60~80 厘米，主茎绿色、粗壮，分枝数多，复叶较大，叶色浅绿，花冠浅紫色（图 3-22）；块茎长椭圆形，白皮白肉，芽眼浅，表皮光滑，薯块大而整齐，结薯集中；鲜薯干物质含量 19%~23%，还原糖含量 0.2%，炸条和食用品质优良。该品种对栽培条件要求严格，不抗旱、不抗涝，不抗晚疫病、早疫病，易感马铃薯花叶病毒病（马铃薯 X 病毒、马铃薯 Y 病毒）、卷叶病毒病和疮痂病。适于高海拔冷凉干旱一作区种植。栽培时必须选择土层深厚、肥力中等以上、排水通气性良好并有水浇条件的沙壤土地块，不能选择重茬地。一般适宜密度为每亩 3 500 株以上。大垄深播，及时中耕培土，控制病虫草害，特别要严格防治晚疫病。

图 3-22　夏坡蒂（图片来源：《马铃薯高效栽培技术》和九寨岷山公司）

4.合作 88

由云南师范大学薯类作物研究所育成，2001 年通过云南省品种审定。晚熟，生育期 110 天左右；株型直立，株高 93 厘米左右，植株较紧凑，茎色绿紫，生长势强，叶色深绿，复叶大，紫花；薯块为长椭圆形，红皮、黄肉，表皮光滑，芽眼浅少（图 3-23），结薯集中，薯块商品率高，休眠期长；蒸煮品味微香，适口性较好，

图 3-23　合作 88（图片来源：西昌市农业科学研究所）

干物质含量 25.8%，淀粉含量 19.9%，还原糖含量 0.296%，宜加工炸片用和鲜食。该品种中抗晚疫病，高抗卷叶病，抗癌肿病，感青枯病。该品种为典型的短日照品种，较适宜在西南山区偏南海拔 2 000 米以上地区种植。播种密度以每亩 3 000~3 500 株为宜。

5.彩色马铃薯

彩色马铃薯有紫色、红色、黑色、黄色等（图 3-24）。目前中国已培育出以紫色、红色为主的彩色优质马铃薯，将紫色、红色马铃薯老品种与优良高产马铃薯品种杂交，改良筛选出 100 多份不同品系的彩色马铃薯。与老品种相比，改良后彩色马铃薯芽眼小，外观好看，抗病性强，亩产可达 1 000~1 500 千克。

图 3-24 彩色马铃薯（图片来源：成都市农林科学院等）

最近研究表明，紫色马铃薯（黑色马铃薯）含有较高的花青素，而花青素是一种广泛存在于植物界的天然色素，有人称花青素是继水、蛋白质、脂肪、碳水化合物、维生素、矿物质之后的第七大必需营养素。花青素具有抗氧化、抗衰老、增强免疫力、抗癌、养颜、美容和防止高血压等多重功效。

优质彩色马铃薯的市场开发前景广阔，主要体现在三方面：一是紫色、红色、黑色马铃薯中花青素含量丰富，可作为提取花青素的原料或直接食用彩色马铃薯；二是可作为特色食品开发。紫色马铃薯有着淡淡的坚果风味，因此蒸和烘焙是最好

图 3-25 彩色马铃薯食品开发（图片来源：国际马铃薯中心等）

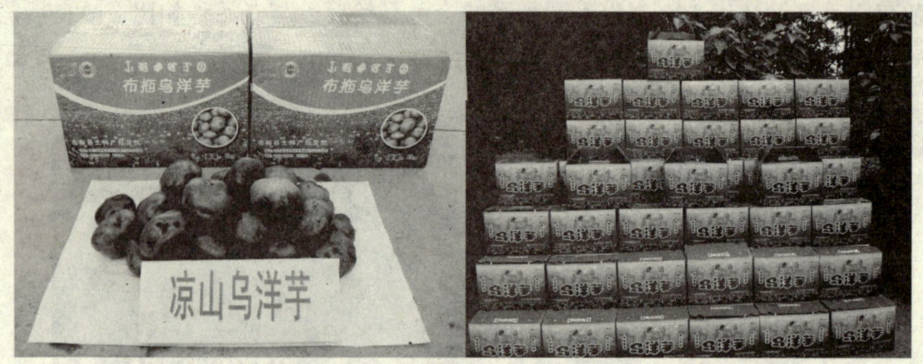

图 3-26 凉山布拖乌洋芋（图片来源：凉山州马铃薯产业发展办公室）

的烹调方法。由于本身含有抗氧化成分，因此经高温油炸后彩薯片仍保持着天然颜色。另外，紫色马铃薯对光不敏感，油炸薯片可长时间保持原色（图 3–25）；三是可作沙拉、油炒、凉拌拼盘的点缀。

目前，四川省凉山州的布拖乌洋芋已走进市场，深受消费者欢迎（图 3–26）。

第四章

马铃薯良种繁育

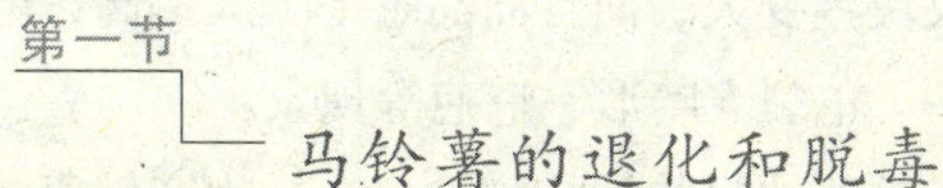

第一节 马铃薯的退化和脱毒

马铃薯可以通过块茎、茎节段和实生种子繁殖，大田生产以块茎繁殖为主。与水稻、小麦、玉米等通过种子繁育的作物相比，马铃薯种薯繁育除了保持品种纯度外，还要防止感染病毒。

一、马铃薯的退化现象

马铃薯生长期间出现植株变矮、变小，叶片皱缩失绿，生长势衰退，块茎逐渐小，产量和品质明显下降，如果将其作为种薯种植，产量和品质将一年不如一年，最后失去利用价值。从寒冷北方或山地调运种薯，往往当年产量较高，连续留种，产量逐年下降、薯块品质变差，失去留种价值。这就是马铃薯的退化现象。由于马铃薯退化是由病毒侵染造成的，所以一般又称之为病毒性退化。

侵染马铃薯，造成马铃薯退化的病毒（包括类病毒）有很多种。病毒感染健康植株后，在植株内不断繁殖、积累，破坏植株正常生长，表现出各种各样的退化类型，主要有花叶类型、卷叶类型和束顶类型，有的表现为植株矮小、丛生、叶片失绿，有的表现为叶片卷曲坏死，有的表现为植株顶部叶片变色、蜷缩，块茎表现为变小、龟裂、变尖、内部网状坏死，植株抗逆（抗病、抗虫、抗旱、抗涝）力降低等现象。病毒还会在薯块中积累，世代传递，逐年加重为害，严重者失去发芽能力，不能作种薯。除了产生各种类型的退化症状外，病毒感染的马铃薯严重减产，一般减产 20%~30%，重者减产 80%以上。

二、脱毒马铃薯

病毒性退化是各地马铃薯生产的主要威胁。退化了的种薯不排除病毒就不能恢复种性，即使栽培条件再好，也达不到品种应有的产量水平。退化的马铃薯经过一系列技术措施将其所带的病毒脱除，获得不带病毒的马铃薯（包括块茎和试管苗），称为脱毒马铃薯。

通过脱毒可恢复马铃薯品种原来的特征特性，达到复壮的目的，同时，在脱毒过程中也将所感染的真菌和细菌病原物一并脱除，所以，脱毒薯在一定时间内，没有病毒、细菌和真菌病害，生活力特别旺盛，生长势很强。采用脱毒种薯增产效果十分明显，可比一般种薯增产 30%~50%，甚至 1 倍以上。采用脱毒种薯还可显著提高马铃薯品质，不仅块茎变大，而且商品薯率大大提高，能极大地避免种植感病种薯常见的腐烂、尖头、龟裂、畸形、疮疤等现象。

马铃薯良种繁育最重要的目的就是脱除病毒，生产健康的脱毒种薯，避免病毒和其他病虫害传播扩散，充分发挥优良品种的生产性能。目前主要的良种繁育体系是以茎尖脱毒为基础的脱毒种薯繁育体系。脱毒种薯繁育体系的建立有利于迅速推广使用脱毒种薯，控制马铃薯病毒，大幅度提高马铃薯的产量和品质。

由于脱毒马铃薯只是利用生物技术脱除了马铃薯所感染的病毒，并没有改变原品种遗传学上的抗病性。所以，如果原品种不抗病毒，尽管通过脱毒技术脱除了该品种所感染的病毒，并恢复了原品种的特性，也可能不抗病毒。由于侵染马铃薯的病毒种类繁多，病毒的传播方式和途径多样，在开放条件下种植经过脱毒的马铃薯，3~5 年后也会重新感染病毒而发生退化并引起减产。为了避免脱毒马铃薯重新感病，延长种薯的使用年限，开放条件下使用脱毒种薯必须采取综合防治措施，以充分发挥脱毒种薯的生产能力。

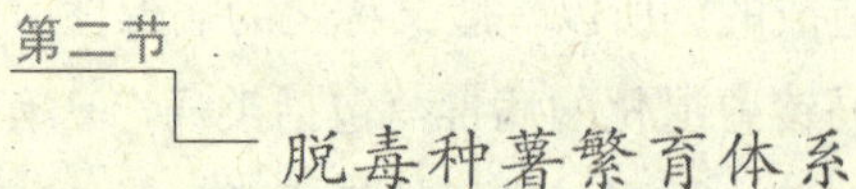

第二节 脱毒种薯繁育体系

脱毒种薯是马铃薯脱毒快速繁育及种薯生产体系中符合质量标准的各级别种薯的通称。脱毒种薯分为基础种薯和合格种薯两类。基础种薯指用于生产合格种薯的原原种和原种；合格种薯是指用于生产商品薯的种薯。世界各国的种薯分级方式比较混乱，我国的种薯分级，除了国标（GB–18133–2000）分级方式，即原原种、原种 I、原种 II、合格种薯 I 和合格种薯 II，还有其他多种方式。近年来，随着马铃薯产业的快速发展，为了提高种薯质量，简化种薯生产过程，便于质量监督与控制，我国提倡采用三代种薯繁育体系。

一、三代种薯繁育体系

马铃薯三代种薯繁育体系指原原种、原种、合格种薯三代脱毒种薯繁育体系（图 4-1），包括以下三个环节的生产体系：第一环节为茎尖脱毒、脱毒苗快繁与原原种生产，第二环节为原种生产，第三环节为合格种薯生产。

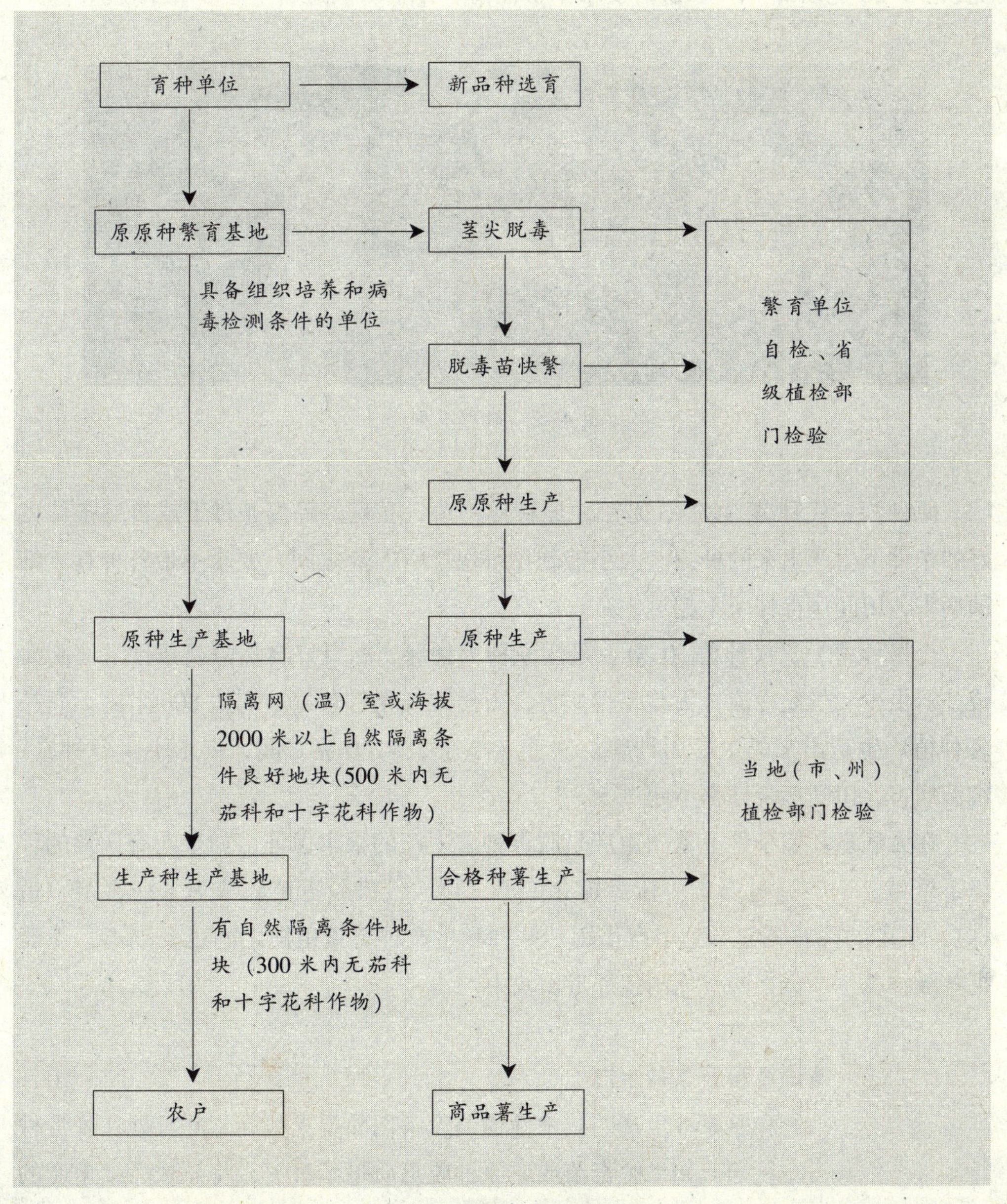

图 4-1 脱毒种薯繁育体系

脱毒组织培养苗（简称脱毒苗），是用茎尖组织培养技术获得的、经检测确认不带马铃薯病毒（目前要求不带六种马铃薯病毒：卷叶病毒、Y 病毒、X 病毒、S 病毒、M 病毒、A 病毒）和类病毒（马铃薯纺锤块茎类病毒）的再生试管苗以及经过组织培养方法大量扩繁的不带马铃薯病毒和类病毒的试管苗。

原原种为一代种薯（G1），是用脱毒苗直接在试管（培养瓶）内培养生成的微型试管薯，或在防虫网（温）室等隔离条件下用试管苗生产的小薯，大小一般在 1 克以上、20 克以下（图 4–2）。要求不带任何病害。

图 4–2 微型小薯

原种为二代种薯（G2），是用原原种作种薯，在良好隔离条件下或自然条件良好的条件下生产出来的种薯。大小控制在每块 25~75 克之间，要求不带各种真、细菌病害，田间病毒株率不超过 1%。

合格种薯为三代种薯（G3），是用原种为种薯，在良好自然隔离条件下（高海拔、蚜虫少、气候冷凉、无检疫性病害，天然隔离条件较好、周边 800 米内无商品薯种植）生产出来的生产用种薯。块茎大小在 25~100 克之间，要求不带各种真、细菌病害，田间病毒株率不超过 5%。

在无病毒环境条件下繁殖生产是脱毒种薯生产的根本保证。如果在有病毒的环境下繁殖，病毒通过蚜虫等传毒媒介传播，再次侵染脱毒苗，成为带病毒苗（植株），生产的种薯就起不到增产作用。原种和生产种薯繁殖地之间也要隔离，不能把各级种薯生产放在同一地内或邻近田块中。

节培育和原原种生产

和原原种生产的技术性强、设备用品要求很高，并且处在脱毒种端，如果脱毒苗或原原种脱毒质量不过关，将导致后续生产的原种和生产种都带病毒，浪费繁种资源，并最终引起马铃薯大田生产损失。四川目前依托具备组织培养和原原种生产条件的科研院（校）所建立脱毒苗培育快繁与原原种繁育基地。

（一）脱毒苗培育

利用组织培养技术，很快可以得到进行原原种生产所需要的脱毒苗。要开展脱毒苗培育快繁必需建设专门的组织培养实验室，包括操作室、洗涤消毒室、接种室和培养室等部分。

1.茎尖脱毒

感染病毒的马铃薯植株，虽然体内有大量病毒，但茎尖生长点不含病毒，所以剥取茎尖生长点进行培养可获得脱毒苗。马铃薯常见病毒中，利用茎尖培养脱毒由易到难依次为卷叶病毒、A 病毒、Y 病毒、M 病毒、X 病毒、S 病毒，但不能脱去马铃薯纺锤块茎类病毒。

茎尖脱毒要选用生产上主栽优良品种，选择能代表该品种特性、生长良好、健康或症状轻微植株的块茎作为茎尖来源。进行茎尖培养的材料，要先用检测是否带有纺锤块茎类病毒，带有类病毒的材料必须立即淘汰。不带类病毒的材料，再检测带有病毒种类，供培养成苗后检查脱毒效果。

将带病毒薯在室内催芽、消毒处理，然后在超净工作台（图 4–3）无菌条件下，切取茎尖分生组织，接种到装有茎尖分化培养基的试管（培养瓶）中，放入组培室中培养，经 4 个月左右发育成小植株，即试管苗（脱毒苗）。对试管苗进行病毒检测，从大量植株中鉴定出确实不带病毒的脱毒苗。不带病毒和类病毒的脱毒苗方可进行组培快繁。

2.脱毒苗快繁

茎尖脱毒获得的脱毒苗往往数量很少，而块茎的繁殖倍数通常只有 10~15 倍，为了加快脱毒种薯生产，需要在严格无菌条件下快繁脱毒苗（图 4–4）。将脱毒苗剪

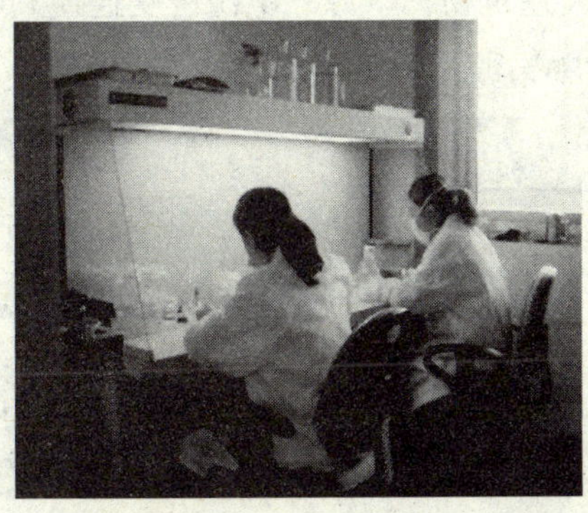

图 4–3　茎尖脱毒

（图片来源：成都市农林科学院）

图 4–4　脱毒苗快繁培养

切成1厘米左右、带一叶一芽的茎段接种于继代培养基上，等茎段长成高10厘米左右小苗时（培养15~30天），再进行切段转接。这样反复继代培养繁殖，每繁殖一代扩繁率一般为3~6倍。多次继代培养的试管苗有可能再次染上病毒，所以扩繁的试管苗仍然需要按每个无性系不低于总数5%抽样送省级种薯质量检验机构进行病毒和类病毒检测，不带病毒和类病毒的脱毒苗方可用于原原种生产。

3.试管薯生产

组织培养快繁生产的脱毒苗可以直接移栽到隔离网（温）室工厂化生产原原种，但在不适合试管苗网（温）室移栽和切段扦插的季节，可以诱导试管苗结薯生产试管薯（微型小薯）（图4-5），实现周年生产，加速脱毒种薯生产。试管薯一般重量不到1克，由于生产过程没有与外界环境接触，质量很好，可以代替试管苗栽培，与试管苗质量相同。

图4-5　试管薯

（二）原原种生产

1.固体基质扦插栽培生产原原种

采用固体基质栽培在防虫网（温）室内种植是目前国内外普遍采用的原原种生产方式。

（1）隔离网室的建立　选择四周无高大建筑物，水源、电源、交通便利，通风透光的地方建网（温）室。为防止昆虫传播病毒，网室隔离网要在60目以上。隔离网室用热镀锌钢管作支撑，高3~3.5米，宽6~10米。入口处设缓冲间，进出随手关门，防虫进入。室内地表及网室四周2米内，要建成水泥地面，网室周围10米范围内不

图4-6　隔离网室

能有其他可能成为马铃薯病虫害侵染源或可能成为蚜虫寄主的植物。严防室内地表积水和室外水流入（图 4-6）。生产过程中，无关人员不得入内。

（2）扦插（或播种）前准备　蛭石、草炭、珍珠岩或细沙都可作脱毒苗栽培基质，每茬薯收后基质必须严格蒸煮消毒，一般可反复使用 3~4 年。

脱毒苗苗龄 30 天左右、带 7~8 片叶时拔去瓶塞，炼苗 2~3 天。用镊子轻轻取出脱毒苗，剪切为 3~4 厘米长的茎段，供扦插用。

扦插的脱毒苗高 5~7 厘米、直播薯苗高 8~10 厘米，侧枝长 5~6 厘米时，可再次剪取 3~4 厘米长的主茎顶端或侧枝尖端（每株只剪 3~4 次），供扦插用。

切段和扦插苗扦插前放入 20 毫克/升奈乙酸 + 1‰ 克露 + 1‰ 威力特的混合液中浸泡 10~15 分钟。

图 4-7　扦插苗剪茎尖和侧枝

（3）剪尖苗扦插　脱毒苗切段扦插株行距为 2.5 厘米×2.5 厘米；扦插苗为 3.3 厘米×3.3 厘米。将插好的苗盘规范整齐放入网室，分厢放置，每厢 24~30 盘，厢间隔 0.8 米（图 4-7）。工作人员进出网（温）室必须更换鞋和工作服，并用肥皂洗净手。扦插（播种）工具每次使用前都要蒸煮消毒，不能蒸煮的用肥皂水认真清洗后用 75%酒精浸泡消毒。

（4）管理　脱毒苗插好后，轻细均匀喷水，使基质充分饱和吸水，及时拱棚盖膜（图 4-8）。

图 4-8　脱毒苗扦插及时拱棚盖膜

图 4-9　扦插苗成活及时撤拱棚

小拱棚内相对湿度保持在 90%~95%。扦插苗生长过程中浇水要勤浇、细浇、少浇，保持基质湿润，持水量 50%~60%，收前 7~10 天停止浇水。小苗生根成活后（插后 7~10 天）及时撤拱棚（图 4-9），根据苗情喷施 0.2%~0.3% 氮:磷:钾=2:1:3 的营养液 4~6 次，每厢（3.5 平方米）喷 7 500 毫升。撤拱棚后第一次喷肥浓度要减半，每 7~10 天喷一次，到收薯前 10 天。严格进行病虫害防治，原原种在网（温）室内容易发生晚疫病，阴湿天气是晚疫病的高发时期，发现病株连同薯块拔除，带出网室外销毁。

(5) 收获、包装、贮存　早熟种在插后 60~65 天，中早熟种 65~70 天，晚熟种在插后 75~80 天就可以收获。收获时要避免机械损伤和品种混杂。收后摊晾 4~7 天，剔除烂薯、病薯、伤薯及杂物。按种薯个体重量大小依次分为 5 克以上、3~5 克、1~3 克三个等级。采用尼龙网袋包装（图 4-10），每袋 2 000 粒左右，按等级和收获期分品种装袋，作好标记，双标签（袋内袋外各一），注明品种名、大小规格、生产地点、收获时间和粒数。每袋不超过网袋体积的 2/3，平堆厚度为 0.3 米左右。根据当地气候，种薯生产量、收期、设备条件及用种季节，将种薯放在常温或低温（5℃~8℃）室内平摊或上架避光贮存（图 4-11），室内相对湿度 80%~90%。

图 4-10　尼龙网袋包装的原原种

图 4-11　贮藏库架藏原原种

2.雾培法生产原原种

固体基质栽培生产的种薯表皮光滑，外观质量好，但繁殖倍数较低，人工和脱毒苗用量较大。近年来，雾培法（也称气雾法）逐渐被用于马铃薯原原种生产（图 4-12）。雾培装置建在网（温）室中，由培养槽、水泵、雾化装置、输液管道、时控单元和贮液箱组成。将脱毒苗定植在培养槽盖板上，在培养槽内对脱毒苗根部定期进行营养液喷雾。雾培法属无土栽培，节省天然矿物；营养液营养成分均一，无土传病害，容易清理；省水、省肥降低生产成本；节约大量试管苗；可直观地定期采收符合标准的脱毒小薯，收获的微型薯大小一致；单株繁殖倍数比固体基质高 5 倍以上。

但是培养槽内湿度高，雾培生产的种薯易出现皮孔缺氧外凸，表皮粗糙，种薯贮存期间失水导致表皮皱缩等问题。收获种薯要在 1℃~3℃冷藏，对贮藏条件要求高。另外，培养装置一次投入大，需常年用电，能耗高；还需要人员值班管理，劳动力成本较高。所以，目前雾培法在多数地方和单位都难以实施。

图 4-12 雾培法生产原原种

三、原种生产

四川在气候适宜、有一定基础的盆周山区和川西南山区建立原种生产基地，为周边生产种繁育基地提供优质原种。各原种繁育基地从规划的原原种繁育基地引进原原种，引进品种应适合本地及周边生产发展需求。

（一）选地

原种生产除可在防虫网（温）室进行外，一般在天然隔离条件良好 [高海拔（1 200 米左右）、蚜虫少、气候冷凉、无检疫性病害、周边（800 米内）无茄科、十字花科作物、其他级别种薯或商品薯种植] 的地块进行（图 4-13）。生产基地要建在地势高、排灌方便、两年内未种植过茄科和十字花科作物、不带线虫和其他地下害虫，土质疏松、肥力中上的沙壤土或壤土。同时设立一些必要的隔离和消毒设施，如铁丝网和消毒池等，防止无关的人、畜进入生产区内。

网室生产原种

自然条件下生产原种

图 4-13 网室和露地生产原种

（二）种薯准备

选用通过休眠、芽短壮的原原种做种薯。播种前 2 个月，将在低温室或专用库内贮藏的原原种薯取出，剔除病薯、烂薯后，放在 20℃~30℃、有散射光的室内，让它自然通过休眠发芽，促芽变绿。一般都采用整薯播种，10 克以上的种薯可切块播种，每块带 2 个以上芽眼，刀具用高锰酸钾溶液消毒。

（三）播种

春播在 2~3 月播种，秋播在 7~9 月播种。每亩施腐熟农家肥 1 500~2 000 千克、尿素 5 千克、过磷酸钙 20 千克、硫酸钾 10 千克作底肥。采用双行高厢垄作：行距 0.6 米，株距 0.2 米，密度 5 000~6 000 株/亩。

（四）田间管理

齐苗后结合第一次中耕除草每亩追施尿素 5 千克。7~8 片叶时第二次中耕，培土成低垄。现蕾开花期第三次中耕，培土成高垄。第二、三次培土前每亩喷施 200 克磷酸二氢钾。

原种生长期要进行两次严格检查，发现混杂、异常植株连地下薯块一起拔除，以防品种混杂。要及时有效地防治病虫害，重点防治蚜虫、早疫病、晚疫病和青枯病，田间发现中心病株及时拔除，用塑料袋装上带出田间集中处理，田间并喷施杀菌剂保护，每 7~10 天一次。齐苗后选用不同杀虫剂，每 7~10 天防治蚜虫一次，连续 3~4 次。

（五）收获、包装、贮存

原种收获后，按品种包装在大小一致网袋中，每袋 25 千克或 30 千克，但同一生产单位每袋的重量应该一致。每袋必须装有标签，注明品种名、收获时间。原种要保存在不受病虫害再次侵染的贮藏库中，常温或低温（5℃~8℃）避光贮存。

四、合格种薯生产

四川在生态适宜和生产条件较好的山区县（市、区）建立了 30 个种薯生产基地。各种薯基地要从四川规划的原种生产基地引进合格原种，引进品种要适合本地及周边生产及其发展要求。

（一）选地

生产用种薯生产区要设在无检疫性有害生物发生的地区，而且必须具有一定的隔离条件和一年以上没有种植过茄科作物。种薯田应距离商品薯、其他茄科及十字花科作物、桃园 100 米以上。土壤肥力较好，土壤松软，排水良好，不带线虫和其他土传性病虫害。

（二）种薯准备

选用通过休眠、芽短壮的原种做种薯。播种前 2 个月，剔除病薯、烂薯后，放在 20℃~30℃、有散射光的室内，让其自然通过休眠发芽，促芽变绿。尽量用整薯播种，50 克以上的种薯可切块播种，单块重 25~30 克，每块带 1~2 个芽眼。刀具用高锰酸钾溶液消毒。

（三）播种

在生态、气候条件许可的前提下，选择生长期间温度较低、能避开蚜虫迁飞高峰期的季节播种。播种时，地表 10 厘米地温稳定在 5℃为适宜播种期。种薯播种深度 9~10 厘米。早熟品种每亩种植 5 000~5 500 株，中、晚熟品种每亩种植 4 000~4 500 株。

以有机肥料作为基肥，配合使用相应的磷、钾肥，禁止施用由茄科植物的残株、枯叶沤制的肥料。

（四）田间管理

全生育期中耕一次，培土两次。田间土壤持水量 60%~70%，现蕾期每亩追施尿素 10~15 千克，避免单独施用过多的氮肥，以免造成徒长。

现蕾到盛花期，两次进行田间观察，连薯块一起拔除病株、杂株。严格防除蚜虫，出苗 40 天后每隔 7 天喷杀虫剂，在田间设置涂上机油的黄色薄膜诱杀蚜虫。晚疫病流行年份，田间中心病株出现时，拔除病株后及时喷洒杀菌剂进行防治。还要根据不同地区，注意严防当地其他病虫害。

（五）收获、包装、贮存

收获前一周停止浇水，及时杀秧以减少块茎感病和加速幼嫩薯皮老化。收获时防止机械和避免霜冻。

收获后用通气良好、清洁卫生的包装袋（如网袋）包装，每袋质量为 25 千克或 30 千克，但同一生产单位每袋的重量必须一致。袋内装有由检验人员根据检验结果统一发放的合格生产用种薯标签。如果达不到生产用种薯质量标准，只能当作一般商品薯出售。要按不同品种、不同级别分别贮藏种薯，防止混杂。

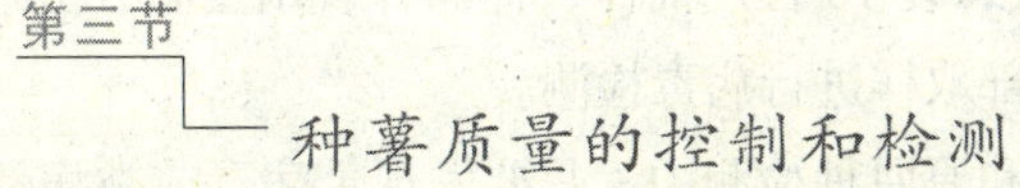

第三节 种薯质量的控制和检测

种薯质量直接关系到马铃薯的产量和品质，也关系到马铃薯产业发展的前途，更关系到广大农民的收益。我国于 2000 年颁布了《马铃薯脱毒种薯质量标准（GB 18133-2000)》、2003 年颁布了《马铃薯种薯产地检验规程（GB 7331-2003)》。但由于执行不彻底，种薯质量差、种薯市场比较混乱，这是导致我国马铃薯单产水平较低的主要原因之一。四川也存在种薯检测设备和手段缺乏、脱毒种薯数量少、质量差、价格高、品种混乱，生产上普遍以商品薯当作种薯使用等问题。四川省农业厅组织制定了四川《马铃薯种薯（苗）质量标准和检验规程（DB51/T 821-2008)》

和《马铃薯脱毒种薯生产技术规程（DB51/T 818-2008）》。四川脱毒种薯病毒检测工作已经起步，将逐步建立种薯质量控制体系，对四川马铃薯种薯质量进行控制、检测和认证。

一、种薯检测内容

种薯质量监督包括生产单位资质认定和种薯生产前、生产中和收获后检验等多个环节。

（一）资质认定与产前申报

各级良种繁育基地建设完成后，必须向省级种薯质量检验机构或其委托的各市州种薯质量检验机构申报，由检验人员对自然生态、生产和检测技术和设备条件、生产与检测人员技术水平等进行全面检验和认定，符合要求的才能取得良种繁育资质，进行相应级别的脱毒种薯生产。

各级种薯生产单位在生产前要向所在市州种薯检验机构申报拟生产的具体品种名称、生产规模和田块、上级种薯（苗）来源与数量。

（二）病毒检测

脱毒种薯的质量检测随种薯级别不同，检测方法和内容也不同。脱毒苗、原原种和原种主要是由省级种薯质量检验机构或其委托的各市州种薯质量检验机构进行定期的病毒检测（目前检测卷叶病毒、Y 病毒、X 病毒、S 病毒、M 病毒、A 病毒六种马铃薯病毒和马铃薯纺锤块茎类病毒）。

每个无性系试管苗（薯）都要分别检测病毒。原原种网（温）室生产期间要进行 2 次（第一次在移栽后 30 天，第二次在移栽后 65 天）抽样检验。原原种和原种收获后按 0.2%（或每袋 10 粒）抽样，样品种薯用变温方法进行催芽，待芽长到 2 厘米左右时将其全部取样进行病毒检测。

试管苗（薯）和原原种检测中，只要发现带病毒或类病毒，就要淘汰整个无性系。原种检测中发现病毒或类病毒，要按质量标准要求相应降级或作商品薯出售。

（三）田间检验

原种和生产种除要进行病毒的检测外，更重要的是由检验机构进行田间检验和块茎检验，通过检验对质量进行监督。原种生产期间进行 2 次田间检验，第一次在植株现蕾期，第二次在收获前 2 周。生产用种薯至少在植株现蕾期和盛花期之间需要进行一次田间检验。检验人员进行田间检验时根据地块大小、形状等按表 4-1 随机设点进行检验，每点目测 100 株。检验人员进入田间检验时，必须穿戴一次性的保护服，不得用手直接接触田间植株。

表 4-1 田块大小与取样点的设置

面积（亩）	检验点数
≤1.5	2
1.6~15	5
15~75	10
>75	按每块最大面积 75 亩分成若干块，每块分别设点检验

各级种薯田检验的主要内容如下：

(1) 品种的典型性　用于种薯生产的品种，必须经过品种鉴定试验，确认具有该品种典型特征特性。

(2) 品种纯度　原种要求品种纯度 100%，生产种薯纯度要求达到 99%。

(3) 病害指数　包括各种病毒病、晚疫病、黑胫病、环腐病、青枯病、疮痂病和粉痂病等。这些病害超过病害指数最大允许量，种薯就要相应地降级或淘汰。

(4) 作物成熟度　要求种薯田内成熟一致，成熟不一致的田块生产的薯块不能作为种薯。

(5) 植株生长情况　检查田间植株生长是否正常，不正常的不能作为种薯或降级使用。

(6) 环境中的侵染源　如果种薯田附近地块有病毒的侵染源，种薯要降级。

(7) 收获日期　要在有翅蚜虫大量迁飞后 10 天内收获。如果推迟收获，种薯要降级。

(8) 块茎检验　收获后的种薯要抽检，发现病毒含量超标，要相应降级。

(四) 产地检疫

种薯地要选在无检疫性有害生物发生的地区，并采用防疫措施。我国马铃薯种薯检疫规程规定的检疫性有害生物有：马铃薯癌肿病、马铃薯甲虫；限定非检疫性有害生物有：马铃薯青枯病菌、马铃薯黑胫病菌和马铃薯环腐病菌。

二、种薯质量要求

(一) 各级种薯（苗）质量标准

综合国家和四川种薯（苗）质量标准，各级别脱毒种薯田的带病、混杂植株指标要符合表 4-2 要求。

表 4-2 各级别种薯田间检验项目、次数及质量标准

种薯级别	第一次检验							第二次检验						
	病害及混杂株（%）							病害及混杂株（%）						
	类病毒植株	环腐病植株	疮痂病植株	粉痂病植株	病毒病植株	黑胫病植株	混杂植株	类病毒植株	环腐病植株	疮痂病植株	粉痂病植株	病毒病植株	黑胫病植株	混杂植株
原原种	0	0	0	0	0	0	0	0	0	0	0	0	0	0
原种	0	0	0	0	≤0.25	≤0.5	≤0.25	0	0	0	0	≤0.1	≤0.25	0
生产种	0	0	≤2.0	≤3.0	0	0	≤1.0							

(二) 原种和生产种块茎检验标准

综合国家和四川种薯（苗）质量标准，原种和生产种收获后块茎检验要符合表4-3要求。

表 4-3 原种、生产种块茎检验项目及标准

收获后检验项目	病（杂）块茎（%）	
	原种	生产种
类病毒病	0	≤1.0
病毒病	0	≤3.0
环腐病	0	0
黑胫病	0	≤2.0
干腐病	≤0.5	≤1.0
疮痂病	≤0.5	≤5.0
粉痂病	≤5.0	
黑痣病	≤5.0	≤5.0
湿腐和腐烂	≤0.1	≤0.1
冻伤	≤2.0	≤4.0
机械损伤	≤5.0	≤0.1
混杂	0	≤1.0

第四节

非正规种薯体系

正规种薯体系通过脱毒种薯繁育可以生产不带病毒的高质量种薯。但它对自然生态、生产和检测技术以及设备条件要求高，并且繁育体系建设和生产周期长，种薯对贮藏和运输条件要求也相当高，加上马铃薯生产用种量大，所以正规合格种薯成本相对较高。国内各省市正规种薯体系普遍处于建设发展初期，生产能力有限，还不能充分满足马铃薯商品薯生产的用种需求。

目前很多农户马铃薯生产用种往往来自于一些非正规渠道，如：从自家马铃薯田收获的薯块中留种；购买合格种薯后多年反复留种；从高寒、冷凉山州购种后多年反复留种等。农户自留种混合了带各种病害（尤其是病毒病、青枯病）的块茎，病害逐年积累、传播，种薯退化非常快。农户习惯于从混收的薯块中选择较小的薯块作种薯，也导致种薯生产潜能逐年下降。

非正规来源种薯是马铃薯生产上有待解决的问题。要解决这些问题，一方面要大力加强正规种薯体系的建设和发展，增加合格种薯供应量，降低成本，尽快满足商品薯生产用种需求；加大对合格种薯生产试验示范和宣传推广，提高农户对优质合格种薯运用效益的认识。另一方面在合格种薯还不能满足生产用种需求的情况下，农技人员可以指导农户通过田间选择来提高自留种薯的质量。根据生产大田或留种田马铃薯不同的情况，田间选择方法有正选择和负选择两种，两种方法的差别在于田间拔除植株的类型。无论哪种选择方法，要留种的马铃薯田都要同时采用一些防病害侵染的措施控制病害传播。比如：定期使用杀虫剂，种薯切块时对切刀进行消毒，避免过多地进入田间操作传播病害等。

一、正选择

正选择就是在田间选择最好的健康植株，单独收获和贮藏作为下季生产用种（图 4-14）。主要包括以下环节：

（一）初选

初选一般在现蕾期到初花期进行，才能够区别健康植株和病株。选择时要熟悉所选品种的特性和几种主要病害的症状，农技人员要加强指导。田间选择表现品种典型特性（包括株型、叶形、花色等）、植株生长健壮、无明显病害症状（尤其是病毒病、青枯病和晚疫病）的植株，在初选植株旁插细竹棍、玉米秆或在植株上挂

图 4-14　田间进行正选择

图 4-15　选择最好的植株(图片来源:国际马铃薯中心)

牌标记（图 4-15）。不要在青枯病感染率较高（萎蔫植株超过 1%）的田块里选择。

（二）复查

初选 15~20 天后检查挂牌标记植株的健康状况，去掉已表现感病症状植株的标记。

（三）收获后选择留种

分单株采收被标记的植株。收获时检查每个植株的块茎数目、大小和形状。鉴定块茎是否符合品种特征，包括皮色、肉色、薯形、芽眼等，不符合的要整株淘汰。结薯很少的、只有小块茎的或块茎畸形、有严重病斑块茎的植株也要整株淘汰。符合品种特性、大块茎多、块茎形状良好的植株入选。可选取入选植株上无病斑、虫蛀和机械创伤的较小块茎（直径 2.5~7.5 厘米）用作种薯，单独存放。

早收留种可以更有效地减少种薯再侵染病毒。一般在有翅蚜迁飞期过后 10~15 天采用杀秧剂灭秧，中断病毒向块茎转移，促进薯皮老化，避免收获时损伤。灭秧后 15 天左右收获。割秧法灭秧要严防遗留部分残茎重新发出侧芽感染病毒。

实践表明，通过正选择获得的种薯与传统农户自留种薯相比，单季平均增产可达 30%。而且正选择留种法培训和应用成本低、技术容易采用，可以在短时间内提高农民自留种薯的质量。不过正选择只是降低了种薯退化的速度，将退化种薯的产量增加到一定程度，与正规合格种薯相比有一定差距。在一些病毒病严重的地区很难选择出无病毒侵染的植株和种薯。所以，正选择只适合在蚜虫较少、马铃薯生长条件较好的地区农户自留种薯，不能用于生产商品种薯。

二、负选择

负选择是在马铃薯生长期从马铃薯田完全清除病株、杂株，在田间只保留健康植株直到收获，以保证种薯的质量。负选择是前面介绍的正规合格种薯繁育过程的关键环节之一。经过多季正选择留种的马铃薯生产田中，大部分植株看起来都很健康，也可以改用负选择留种。但如果田块中病株较多，负选择拔除病株过多产量损失太大，还不能保证种薯质量。所以，只有在田间病毒侵染水平很低，而且没有蚜虫传播病毒的情况下才能使用负选择。

选种人员要熟悉各种主要病害症状，在田间进行全面认真的检查（图 4-16），发现病株、杂株及时拔除，并清除地下部母薯和新生薯，小心装入密闭的袋中，防止病株上的蚜虫抖落或迁飞。拔除病株要在出齐苗后、蚜虫发生以前开始，每隔 7~

图 4-16　田间进行负选择（图片来源：荷兰 NIVAP 组织）

10天进行一次。如发现蚜虫要及时喷药，以防其继续传播病毒。

收获后要再次根据品种块茎特征去杂，并剔除带病斑、虫蛀和机械创伤的薯块。

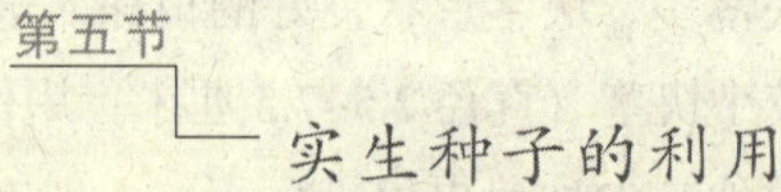

第五节 实生种子的利用

除了通过块茎繁殖外，许多马铃薯品种在条件适宜时，也可以开花结实，产生浆果。浆果中的种子称为实生种子，用实生种子播种也可以进行繁殖。实生种子长出的幼苗叫实生苗，实生苗所结的薯块称为实生薯（实生种薯）。

马铃薯栽培品种一般都是杂交种，无论天然自交结实还是人工授粉杂交结实得到的实生种子播种，实生苗在成熟期、植株高度、产量、品质和抗病性等方面差异很大。对实生种子（尤其是人工授粉杂交实生种子）后代连续多年系谱选择是马铃薯新品种选育的途径之一。

除类病毒外，很多马铃薯病毒都不能进入种子。种子几乎也不带其他病虫害，所以用实生种子也可以生产不带病毒的种薯，解决马铃薯病毒性退化问题。由于商品薯生产对产量、品质、抗病性以及田间整齐度、成熟期一致性等要求都很高，所以利用实生种子生产种薯，必须经过科研人员严格的选择。以四川西昌、冕宁，云南省丽江等为代表的我国西南山区从20世纪70年代就开始大规模利用实生种子生产种薯，取得了很大的成绩，受到国际上的重视。有不少国家把它作为防止种薯退化的一项重要增产措施。

一些山区生产马铃薯主要是自己食用和作饲料用，对于品种纯度、商品化质量要求不高，也可以选择适当的杂交组合，直接将杂交实生种子用于大田生产。山区利用实生种子生产，还可以避免山区种薯调运困难等问题。

一、实生种子的获得

实生种子可通过采集天然自交结实或人工授粉杂交结实获得。由于纺锤块茎类病毒可以通过实生种子传播，所以采集实生种子的植株和配制杂交种的亲本必须选不带纺锤块茎类病毒的植株。天然自交结实的实生苗群体性状分离小，主要经济性状一致性较高，后期选择工作量小、周期短。人工杂交亲本一般要经5代以上自交纯合。

二、实生种薯生产与筛选

为防止病毒和其他病虫害侵染，进行实生种薯生产时，播种和移栽实生苗要在严格隔离条件下进行，并加强病虫害防治。实生种薯生产过程中除了按脱毒种薯生产过程中的要求拔除病株、异常植株进行负选择外，还要选择成熟期、植株高度、产量、品质和抗病性等符合本地生产需求的类型，获得整齐度和一致性良好的实生种薯（图 4–17）。

图 4–17　实生苗栽培与实生薯生产（图片来源：达州市农业科学研究所）

实生薯　实生苗移栽实生种子很细小（千粒重约 0.5 克），大田直播出苗率低，实生苗生长缓慢，从出苗到收获一般在 150 天以上。为满足其对生育期的要求和便于当年对实生薯选择，一般都要在温室中或塑料薄膜覆盖育苗。一般每亩实生苗需实生种子 4~5 克，苗床 8~10 平方米。

播种期要因地制宜，一般要求气温稳定通过 10℃。播种前用 1.5 克/升的赤霉素溶液中浸种 12~24 小时；滤水后在 20℃左右催芽，部分种子露白后即可播种。苗床准备、播种和管理与茄果类蔬菜育苗基本相同。

播种后 40~45 天，苗高 10~12 厘米、带 6~7 片叶（约 2 片复叶）时，将实生苗移栽到大田。用于实生种薯生产大田要隔离良好（参考脱毒原种生产地要求）。栽植密度因品种生育特性而异，一般早熟品种生产实生种薯 6 000 株/亩，生产商品薯 4 000~5 000 株/亩。实生苗移栽不宜起垄，而要采用平地起沟定植。移栽后 15~20 天，结合中耕除草每亩追施尿素 8 千克，浅培土；封行前每亩追施尿素 8 千克、硫酸钾 15 千克，高培土。

种薯收获时，要单株人工挖掘。选植株地上部分无晚疫病、病毒病、颜色深、茎秆直立，地下部分结薯较集中、匍匐枝短、块茎较大（50 克以上）、个数适当

(5~7 个)、块茎形状合格的作为入选单株。适当灭秧早收，可以更好地防止蚜虫传毒。

经过严格筛选的实生种薯一般可相当于脱毒原种，按合格种薯生产程序在隔离条件下种植 1~2 代繁育大田生产用种薯。西南地区有些实生薯甚至经过 4~5 代的繁育还用作种薯。但一般实生薯繁育 3 代以后就因感染病毒退化，应该更换实生种薯。

第五章

无公害马铃薯标准化栽培技术

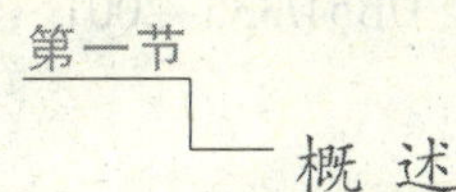

第一节 概述

一、无公害马铃薯标准化生产的基本要求

无公害马铃薯标准化生产就是按照国家标准、行业标准或地方标准规定的环境质量要求、产品质量标准和生产技术规程（范），组织实施的无公害马铃薯生产过程，生产的主要依据是《中华人民共和国标准化法》，农业部公布的《无公害农产品管理办法》，国家质检总局、农业部和四川省公布的无公害农产品的质量技术标准。生产的基本要求是：

（一）生产环境质量好

无公害马铃薯生产基地的环境质量状况是生产无公害马铃薯产品的基本条件，无公害马铃薯生产基地的选择应符合下列条件：

第一，基地周边无可能造成环境污染的工矿企业、医院、科研机构、主要交通干线等污染源以及工业固体废弃物、工业和城市垃圾等二次污染源。

第二，基地的空气、农田土壤、农田灌溉水等环境质量良好，生产环境达到四川省地方标准 DB 51/336-2001《无公害农产品（种植类）环境条件》的技术指标。

第三，土壤环境高背景区（即环境中有害物质基础含量高的地区）、地方病防治区等区域不宜作无公害马铃薯生产基地。

（二）生产过程标准化

采用标准化生产技术是生产无公害马铃薯产品的重要保障。各地应在深入研究、大力示范和广泛调查的基础上，形成适合本地的无公害马铃薯生产技术规程或采用农业部编制的无公害马铃薯生产技术规程（NY/T 5222-2004）等相关生产技术规程，规范从种薯的选择与准备（处理）、整地与播种、施肥与浇水、病虫害防治到收获与贮藏、加工整个生产管理过程。种薯质量应符合四川省地方标准 DB51/T 821-2008《马铃薯种薯（苗）质量标准和检验规程》的要求。选择适宜地块种植，适时播种，合理密植，科学施肥，合理灌溉，综防病虫，适时收获，正确贮藏与加工。施用肥料应符合 DB51/338-2001《无公害农产品生产用肥使用准则》、农药使用应符合 DB51/337-2001《无公害农产品农药使用守则》相关规定，以确保马铃薯产品的安全质量。

（三）生产产品无公害

马铃薯产品无污染是无公害马铃薯标准化生产的目标，要求生产出的马铃薯产品质量安全符合四川省地方标准 DB51/335-2001《无公害农产品标准》的技术指标。

二、四川马铃薯种植模式

马铃薯生育期短，播种期弹性大，加之植株较矮小，喜凉耐阴，适宜于间、套、复种栽培。为了充分利用光温资源，提高土地利用率，近年来，四川省积极创新马铃薯高产高效种植模式，在不与其他大宗粮食作物争地的情况下，充分利用四川丰富多样的耕作制度和秋冬春季的空闲田土，通过间套作和填闲复种，不断扩大马铃薯种植面积，实现马铃薯春作、秋作、冬作全面发展，提高了耕地使用的综合效益。四川马铃薯生产大多实行间套作，间套种植面积占马铃薯总面积的 70%以上，其中以“马铃薯/玉米”最常见，与马铃薯间套作的作物还有油菜、小麦、大豆、蔬菜、小豆、果树等。

（一）春马铃薯种植模式

四川春马铃薯主要分布在盆周山区、川西南山地区，平丘区有零星种植。

1.马铃薯/玉米（大豆）

中高海拔地区气候相对冷凉，热量条件多属于一熟有余两熟不足，通过“马铃薯/玉米”可以节约生长期和光温资源，实现一年两熟，大大提高耕地的周年产量和效益。该模式属于高秆作物与矮秆作物、喜光作物与耐阴作物、喜氮作物与喜钾作物间套作，可以充分利用空间和时间，均衡利用土壤养分，发挥不同作物间的互利共生和间隔防病原理，具有显著的增产增收作用，是盆周山区和川西南山地中高海拔地区最主要的种植模式。

田间配置上，一般 1.5~2.0 米开厢，马铃薯和玉米带大约各占一半，形成“双三 O”或“双二五”等模式（图 5-1）。以 2∶2 行比最佳。马铃薯带和玉米带最好隔年交换，形成马铃薯与玉米分带间套轮作。茬口衔接上，马铃薯一般在 2 月中下

图 5-1 马铃薯/玉米

旬播种，6 月中下旬至 7 月上旬收获，玉米 3 月下旬至 4 月播种，8~9 月收获。

有的地方在马铃薯收挖后再增种一季生育期短的反季蔬菜或豆类作物，形成了“马铃薯/玉米/蔬菜（或大豆等）”模式，经济效益更高。

生产上也有采用“春马铃薯/大豆”种植模式，马铃薯与大豆的行比以 1∶1 和 1∶2 为宜。

2.春马铃薯—水稻—秋菜（或秋马铃薯）

该模式适合平坝丘陵地区的稻田生产，采用地膜覆盖净作春马铃薯，春马铃薯在 12 月中、下旬栽种，次年 4 月上、中旬收获，马铃薯收获后栽插水稻，水稻收后再种一季秋菜或秋马铃薯。

3.春马铃薯/玉米/大豆（或甘薯）+秋菜（或秋马铃薯）

该模式适合丘陵旱地种植，是在原“小麦/玉米/甘薯”、“小麦/玉米/大豆”模式上发展起来的，用春马铃薯代替小麦，玉米收获后增种一季秋菜或秋马铃薯。春马铃薯于 12 月中下旬采用地膜覆盖栽培，次年 3 月下旬至 4 月上中旬在马铃薯行间种玉米，马铃薯收后种大豆或甘薯，玉米收后种一季秋菜（或秋马铃薯）。

（二）秋马铃薯种植模式

四川海拔 300~800 米的平丘地区和河谷地带，气候温暖，雨量充足，农业生产三季不足，两季有余。可以利用水稻、玉米收获后，小春作物播栽前的空闲时间，通过合理间套，增种一季秋马铃薯。

1.稻田秋马铃薯

水稻收后，利用秋季光温资源，增种一季秋马铃薯，秋马铃薯可与油菜套作，变过去的稻麦或稻油两熟为“中稻—秋马铃薯/油菜”三熟（图 5-2）。秋马铃薯在 8 月下旬至 9 月上、中旬播种，10 月下旬至 11 月上旬套栽油菜，12 月中、下旬收

图 5-2　稻田秋马铃薯/油菜 1

图 5-2　稻田秋马铃薯/油菜 2

获马铃薯，4 月底至 5 月上旬收获油菜，然后栽水稻。秋马铃薯选用早熟品种，重点推广免耕稻草覆盖栽培技术。

2.旱地秋马铃薯

在原“小麦/玉米/甘薯”、“小麦/玉米/大豆”的基础上，在玉米收后增种一季秋马铃薯，形成“小麦/玉米/甘薯（大豆）/马铃薯”模式（图 5-3），是一种深度开

图 5-3　秋马铃薯与大豆、甘薯间套作

发晚秋资源的种植方式。对于播种较迟和生育期较长的秋马铃薯，到小麦播种时如未成熟收获，可与小麦套作共生一段时间。

（三）冬马铃薯种植模式

与大豆套为进一步挖掘马铃薯的面积潜力，扩大种植范围，川东、川南部分地区充分利用当地冬春季较好的温光资源，在小春预留行、沿江河谷地带和冬闲田、地内增种一季冬马铃薯。冬马铃薯在 10 月下旬至 12 月上、中旬播种，翌年 2 月下旬至 4 月上旬收获。

冬马铃薯播期比春马铃薯提前 1~3 个月，不影响大春作物播栽，马铃薯上市时间恰是省内商品马铃薯紧缺季节，效益超过正季作物，已成为当地农民增产增收的重大措施和四川马铃薯生产上的一大亮点。

1.小麦（蔬菜、蚕豆）+马铃薯/玉米/甘薯（大豆）

图 5-4　小麦预留空行增种冬马铃薯

在原“小麦/玉米/甘薯”的基础上，推广“小麦（蔬菜、蚕豆）+马铃薯/玉米/甘薯”模式，利用改制的预留空行增种一季冬马铃薯（图 5-4），马铃薯收后种植一季迟春玉米或早夏玉米。

2.冬马铃薯—水稻

川南、川东地区水稻收后不能蓄水过冬的高塝田、漏筛田，改“绿肥（或空闲）—中稻”为“马铃薯—水稻”两熟，冬马铃薯实行净作，有效地推动了当地耕作制度的改革和种植业结构调整，大大提高了耕地复种指数和年生产量。

无论是春马铃薯还是秋马铃薯，在城郊附近和房前屋后的菜园地上，都有一定面积的马铃薯与蔬菜间套作栽培，提高了产量和效益。为了充分利用光温资源，在一些果园、苗木地也有少量马铃薯栽培，形成了“果树+马铃薯”、“林木+马铃薯”等农林结合高效种植模式。（图 5-5）

图 5-5　马铃薯与蔬菜、果树间套作

第二节　春马铃薯栽培技术

12 月~翌年 3 月播种，5~8 月收获的马铃薯称为春马铃薯。春马铃薯是四川最主要的栽种方式，占全省马铃薯栽培面积的一半以上。

一、选地与整地

(一) 选地

马铃薯为茄科植物，病害较多，忌连作，也不宜与烟草、茄子、辣椒等茄科作物互为前后作物，否则会加重病害，导致产量降低，品质下降，因此应进行合理轮作。马铃薯适宜与禾谷类作物、豆类作物、纤维作物轮换种植。

马铃薯为块茎类作物，地下结薯，而且肥水需要量大，因此要求深厚、疏松、肥沃的土壤环境。进行无公害栽培，还应选择生产环境好、远离污染源、运输较方便、并具有可持续发展能力的生产区域，产地环境条件应达到四川省地方标准DB51/336-2001《无公害农产品（种植类）环境条件》的要求。

(二) 整地

播种前应对土壤进行深耕细整，以加厚活土层，提高土壤的通气性和保水保肥能力，促进微生物的繁殖活动，加速土壤有机质和肥料的分解，增加土壤速效养分含量，并提高抗旱抗涝能力，以保证马铃薯植株良好的生长发育，为优质高产奠定基础。

垄作是马铃薯的科学栽培方式（图 5-6），通过起垄，形成垄沟相间，一方面可以进一步加厚土层，为马铃薯根系的生长和薯块膨大创造深厚的土壤环境；另一方面也可以增加土壤的表面积，加强土壤与大气的水、热、气交换，提高土壤的通透性，加大土壤温度变化，为马铃薯的生长发育创造适宜的土壤条件；同时还便于灌

图 5-6 垄作

溉和排水，有利于抗旱排涝以及机械收获。

垄的宽窄和高低应因地势、土壤和种植方式而异，排水良好的可作宽垄，排水差的宜作窄垄、高垄。垄作有小垄单行（垄距 50~65 厘米，每垄上只种一行马铃薯）和宽垄双行（垄距 80~100 厘米，每垄上种植两行马铃薯）两种，中高垄垄高 20 厘米左右。一般在播种时起垄，中耕培土时加固，少数排水良好、土层深厚的地块也可平播，中耕培土时做成浅垄。

二、选用优质种薯

优质种薯是马铃薯高产的前提。优质种薯的标准：一是基因优良，即优质、高产、抗病、广适良种；二是不带病毒，即脱毒种薯；三是生理成熟，即已破除休眠；四是大小适宜。

（一）选用优良品种

通过马铃薯遗传育种家们的努力，四川近年育成了一批优质、高产、抗病良种，主要包括川芋系列和凉薯系列，与此同时，马铃薯栽培和推广专家们通过多年的试验示范，从国内外引进和筛选出了一批适应性强、品质优、丰产性高、抗病性强的优良品种，各地应根据当地生态条件、耕作制度和生产水平以及用途，选用适宜的品种。中高海拔一季作区马铃薯的生长季节较长，适宜选择抗病高产、适应性强的中、晚熟品种，如米拉、合作 88、陇薯 3 号、川芋 6 号、11–7、坝薯 10 号、川凉薯 1 号及凉薯系列等品种；低海拔的平坝丘陵地区马铃薯的生长期较短，温度较高，晚疫病严重，应选用休眠期短、生育期适中、抗晚疫病、抗退化的稳产高产品种，如川芋 10 号、川芋 8 号、川芋 56、川芋早等川芋系列、鄂马铃薯 3 号、鄂马铃薯 5 号、中薯 2 号、费乌瑞它、米拉、坝薯 10 号、11–7 等品种；间套作栽培地区，适宜选用早熟、耐阴、植株矮而紧凑的高产品种，如川芋 10 号、川芋 8 号、11–7、中薯 2 号、米拉等。

不管是平坝丘陵区还是盆周山区，优质都是选择马铃薯品种的重要依据，马铃薯生产的发展方向是专用化，品种选择一定要能满足相应用途和加工要求。

（二）选用脱毒种薯

马铃薯的病毒病较多，生产上一般采用无性繁殖，容易引起病毒积累，加重病害，导致种性退化，应选用健康脱毒种薯做种，这样才能发挥品种的优良种性，达到增产、增收目的，脱毒种薯可增产 20%~30%。种薯质量应符合四川地方标准 DB51/T 821–2008《马铃薯种薯（苗）质量标准和检验规程》的要求。在没有脱毒种薯情况下，应到就近高山区域调购种薯，因高海拔地区气候凉爽，马铃薯病毒感染和积累轻。

（三）种薯切块与处理

从外地调入的种薯，必须进行消毒，消灭疮痂病、粉痂病等表面病原菌。可用1毫克/千克高锰酸钾溶液浸种10~15分钟或用40%福尔马林液1份加水200份，喷撒种薯表面，或浸泡5分钟后，再用薄膜覆盖2小时。

播种前选种，选择具有本品种特征、无病虫害、无伤冻、表皮柔嫩、色泽光鲜、大小适中、刚过或将要度过休眠期的块茎做种。

提倡选用30~50克小整薯作种。整薯做种多由顶部芽萌发成苗，具有顶端优势，芽粗壮，活力高，出苗多，长势旺，分枝多，结薯能力强。用整薯做种没有切口，可以避免通过切刀和切口传播病害，同时也有利于保存种薯内的水分，在土壤过干、过湿等不良条件下，可最大限度地保证出苗，避免烂种、缺苗，实现全苗和壮苗目标，为优质、高产奠定良好基础。一般用小整薯做种比切块薯作种增产15%以上。

为了节约种薯，降低生产成本，对特大种薯可切块播种。种薯切块时，应尽量使每个切块均带有顶芽，以充分发挥顶端优势，100克左右的种薯应从顶部纵切2~3块；若种薯较大，切块应从脐部（尾部）开始，按芽眼顺序螺旋向顶部斜切，最后再把顶芽切成两块（图5-7），每个薯块重20~40克，带有1~3个芽眼，在种薯充裕时切块应尽量大，一般在播种密度一定时，种薯越大产量越高。要避免切薄片、小块、挖眼作种等不合理措施。切块应在栽植前1~2天进行，切块过早，通风

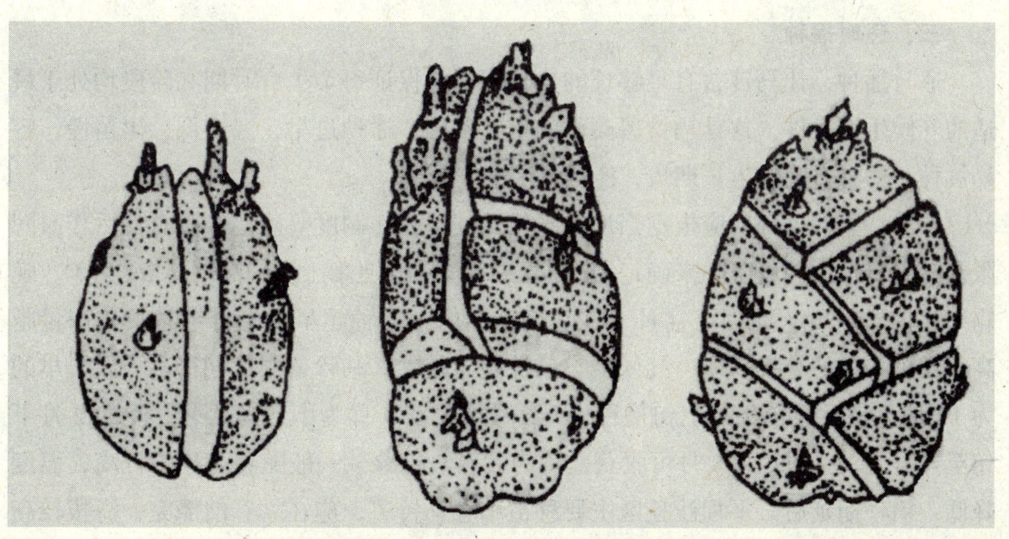

图5-7　马铃薯种薯切块方法示意图（图片来源：孙慧生《马铃薯生产技术百问百答》）

条件不良时，堆积易感染病菌，甚至腐烂；切块过晚，伤口未充分愈合，在田间也易感染病菌。在切块过程中要注意切刀的消毒和切块的处理，以防烂种。切刀每使用10分钟或切到病、烂薯时，用35%的来苏儿溶液或75%酒精浸泡1~2分钟或擦洗消毒，提倡两把切刀交替使用。切块后立即用草木灰（可加适量百菌清等杀菌剂）拌种，吸去伤口水分，使伤口尽快愈合，勿堆积过厚。

马铃薯的块茎具有休眠特性，没有通过休眠期的薯块即使在适宜条件下也不能萌发生长，需要进行催芽处理，打破休眠。春薯秋播和秋薯春播时，种薯大多处于休眠状态，一定要进行催芽处理，否则不能按时出苗，容易烂种，导致大量缺苗。

打破休眠常用赤霉素或硫脲进行浸种或均匀喷洒。浸种浓度因品种的休眠期长短、种薯贮存的天数（种薯的生理年龄）等而异，一般为赤霉素2~20毫克/升，硫脲0.1%~0.3%，休眠期长的品种、收获贮藏时间短和小整薯做种的种薯，处理浓度应稍大些，反之可稍小些。处理方法为浸种5~15分钟或均匀喷雾，浸种或喷雾后摊放在通风阴凉、没有阳光透射的地方晾干，然后用湿润稻草覆盖催芽或置于沙床上（一层河沙一层种薯，可堆3~4层）催芽，催芽温度20℃~25℃，不见光，保持湿润，过湿易烂种，过干不能发芽。当芽长1~2厘米后，扒出薯块，放在温度较低（10℃~15℃）的地方炼芽，经散射光照射使嫩黄芽变绿后再播种。如出芽快慢不一致，在催芽的过程中应注意把已出芽的薯块分批拣出来炼芽播种。

切块播种的应先切块后催芽，以打破顶端优势，避免出现顶芽催得很长，而中下部芽未萌发的现象。

三、适时播种

适时播种，让马铃薯有足够长的生长期，并保证每个生育时期和阶段均处于最适的气候生态条件，这是马铃薯高产的重要条件。播种过早，温度低，出苗慢，容易烂种；播种过晚，生长期短，产量低。

春马铃薯的播种期应根据当地的气候条件、耕作制度等确定。没有前后作时间限制时主要根据温度条件来确定播种期，一般在10厘米土层的温度达6℃~7℃、晚霜结束前25~30天时即可播种，在适期范围内，播种越早，生育期越长，产量越高。四川各地的海拔高度、气候生态条件差异较大，马铃薯的播期很不一致，早的为12月上旬至翌年2月上旬播种，5~6月可收获，称为小春马铃薯；晚的2月下旬至4月上旬播种，6~8月可收获，称为大春马铃薯。一般随着海拔的升高，温度降低，播种期延后。平坝浅丘区主要种植小春马铃薯，应在立春前播完；海拔较高的山区主要种植大春马铃薯，一般在土壤解冻后播种。

四、地膜覆盖

春马铃薯生产应大力推广地膜覆盖栽培（图 5-8）。地膜覆盖一方面可以提高土温，有利于早播和提早出苗，延长生育期；另一方面也可防止土壤水分蒸发损失，保持土壤水分，有利于抗旱保苗；地膜覆盖后由于土温升高，水分充足，土壤微生物活动旺盛，有机质分解快，土壤速效养分丰富，可以促进马铃薯的生长发育，有显著的增产增收作用。但在干旱少雨地区，当土壤本身比较干旱、播种时浇水又不多时，不宜覆盖地膜，覆膜后不利于土壤接纳雨水，容易出现因干旱而抗种、抗苗，导致出苗慢而不整齐，引起缺窝断苗。

图 5-8　地膜覆盖栽培马铃薯

盖膜的方法有两种，最常见的是先播种后盖膜，出苗后及时破膜引苗；另一种方式是先盖膜后播种，在起垄后铺膜，经过几天日晒，土温升高后，用打孔工具按规定窝距打孔破膜播种，然后用湿润细土盖严，封好膜孔。

五、合理密植

合理密植是马铃薯高产的基础，是协调马铃薯个体与群体关系的重要保证，密度过小，单位土地面积上的株（茎）数太少，虽然单株结薯数多，薯块大，但因总薯数少而不能高产；密度过大，株（茎）数过多，单株结薯数少，薯块变小，产量也不高。因此，种植密度要适宜。

马铃薯的种植密度有两种表示方法，一种是单位土地面积上的窝（穴、株）数，另一种是单位土地面积上的茎数，生产上习惯使用第一种方法。这种方法比较直观，容易设计和计算。但大量研究表明，马铃薯产量与其茎数的关系更密切，有时候虽然单位土地面积上的窝（穴）数不多，但因种薯大、质量高，每窝（穴）产生的茎数多，也可能获得高产，因此用单位土地面积上的茎数来表示马铃薯的密度更准确些。

马铃薯适宜的种植密度应根据品种特性、生态条件、栽管水平和栽培目的、种薯大小等因素确定。早熟、株型紧凑的品种，植株矮小，分枝少，密度应大些，晚熟和植株高大的品种则应适当小些；气候条件适宜，土壤肥沃，栽培管理水平高的可适当稀些，反之则宜适当密些；生产商品薯或生产加工速冻薯条的原料薯时，要求薯块大而整齐，种植密度应适当稀些，生产种薯时，要求薯块数多，应适当增加密度；种薯比较大时，每个种薯的出苗数和产生的茎数多，结薯数也多，因而单位面积上的窝（穴）数可适当少，反之应适当多些。综合国内外资料，净作高产马铃薯的适宜茎数为 12 000~19 000 茎/亩，根据目前生产水平，四川净作春马铃薯的适宜密度为 4 500~7 000 株（穴）/亩或 13 000~18 000 茎/亩，高山区、土壤瘠薄的地区可适当密一些。

四川的春马铃薯大多与玉米等作物间套作，此时马铃薯的种植密度不仅要考虑其自身的优质高产需要，还应考虑与之间套作的玉米等作物的高产需求。首先是要考虑马铃薯与玉米等作物的适宜行比，使两种作物在田间形成最佳配置，以协调二者之间的关系，最大限度的缓和两种作物间的竞争。众多研究结果表明，马铃薯与玉米套作，不论高、中、低海拔区，适宜的田间配置结构为 1.5~2.0 米开厢，2∶2 行比，马铃薯的密度 2 500~5 000 株/亩，两行马铃薯错窝种植。

六、平衡施肥

平衡配方施肥是马铃薯优质高产的保障，春马铃薯总的施肥原则是：“有机无机结合，氮磷钾配合；重施底肥，早施追肥。”有机肥的养分种类齐全，除了含有氮、磷、钾等大量营养元素外，还含有马铃薯生长发育所需的多种微量元素，而且有机肥的肥效稳长，并可改善土壤结构，因此增产效果显著，农民都非常重视农家有机肥的施用，生产上应广辟有机肥源，增加有机肥用量。农家有机肥和磷肥一般都做底肥，钾肥多数做底肥，也可拿一部分在苗期做追肥；氮化肥应在施足底肥的基础上早施追肥，以满足马铃薯茎叶生长和块茎膨大的需求。

综合有关试验结果和各地的生产实践，四川春马铃薯的高产施肥方法是：每亩施用 1 500~2 500 千克农家肥，混合 30~50 千克专用复合肥或 4~7 千克纯氮化肥、30~50 千克过磷酸钙、10~20 千克氯化钾或 20~25 千克硫酸钾作底肥，均匀施于播种沟内，力争做到“三肥”（水粪、渣肥、磷钾化肥）下种，水粪浸窝，渣肥盖种；出苗后每亩追施 2~4 千克纯氮化肥，最好同时再追施 5~10 千克钾肥，兑清粪水浇施，如苗势差，还可在现蕾期再追施一次氮肥；开花后视苗情，可叶面喷施 0.3%磷酸二氢钾溶液，每 10 天一次，连喷 3~4 次，以防止早衰，提高产量和品质。

七、科学管理

（一）查苗补苗

苗齐后及时查苗补缺，可在播种时于田边地角的行间多播种一部分作备用苗，用于补苗。补苗时，如果缺穴中有病烂薯，要先将病薯和周围的土壤挖掉后再补。如果没有备用苗，可从茎数较多的穴内拔苗。拔苗时顺茎下部探到根际将苗向外侧取下或用剪刀剪苗。栽时挖穴要深并用水浇透，去掉下部叶，仅留顶梢 2~3 片叶，气温高时，可用树枝遮荫保湿，使之生根成活。补苗应越早越好，过晚苗龄大不易成活。

（二）中耕除草培土

四川很多地区多雨，杂草多，土壤容易板结，需要及时中耕除草培土，为马铃薯植株的健壮生长与块茎的膨大创造疏松的土壤环境条件。

中耕除草应掌握“头道深，二道浅，三道薅草刮刮脸”的原则。第一次中耕一般在苗高 7~10 厘米时进行，深度 10 厘米左右；第二次中耕距头次 10~15 天，宜稍浅；现蕾时，进行第三次中耕，深度较上次更浅，且离根系远些，以免损伤匍匐茎，影响结薯。每次中耕均结合除草，第一次中耕不必培土，以免降低土温，后两次中耕，同时结合培土，以加厚耕层，加固植株。培土第一次宜浅，第二次稍厚，总厚度不超过 10 厘米。第一、三次中耕还可结合追肥进行。

（三）肥水管理

追肥宜早不宜迟，以芽肥苗肥效果最好，中后期追肥容易引起徒长。

马铃薯播种出苗和生长发育期间，均保持土壤湿润，如遇久旱不雨，土壤干旱应及时灌跑马水，不宜浸灌，以免沤薯；若雨水过多，田地低洼积水，则应及时清沟排水。

（四）控制徒长

如发现马铃薯有徒长现象，可在现蕾开花期叶面喷施多效唑或烯效唑等植物生长延缓剂，以降低株高，控制地上部生长，促进光合产物向地下块茎运输，从而提高马铃薯产量。使用浓度为多效唑 100~200 毫克/千克（0.01%~0.02%），烯效唑 10~15 毫克/千克。

（五）防治病虫害

坚持病虫害综合防治原则，主要措施有合理轮作，避免重茬；选用抗病品种和脱毒种薯；采用小整薯播种，避免切刀传播；加强肥水管理，增强抗性；结合中耕培土，及时拔除病株等。晚疫病是马铃薯的主要病害，为害严重，必须重点防治。

八、适时收获

马铃薯在生理成熟期收获，产量、干物质含量、还原糖含量均最高，生理成熟的标志是：①大部分叶片由绿变黄转枯，这时茎叶中的养分已基本停止向块茎输送；②块茎与植株容易脱落，不需用力拉即可与匍匐茎分开；③块茎大小、色泽正常，表皮韧性大，不易脱落。

加工用薯要求块茎正常生理成熟才能收获，此时品质最优。鲜食用薯也最好生理成熟时收获，以便获得最高产量。但市场价格常常不断变化，一般早收的往往价格高，因此还应根据市场需求变化来确定收获时期，以便获得最高的经济收益。对于后期多雨地区，尽量抢时早收，避免田间腐烂损失。如果是收获种薯，可在茎叶未落黄时割掉地上茎叶，适当提前采收，以防止后期地上部茎叶感病后病菌传到块茎，使种薯带上病菌而影响种薯质量。

收获应选晴天进行，先割（扯）去茎叶，然后逐垄仔细收挖。收挖过程中尽量避免挖烂、碰伤、擦伤等机械损伤以及漏挖，收起的块茎应予短暂晾晒、风干，使表皮干燥，切忌淋雨。

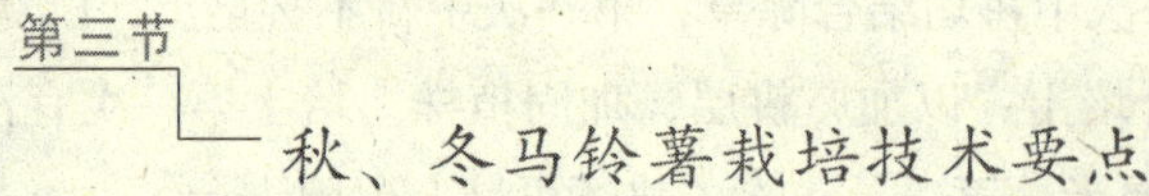

第三节 秋、冬马铃薯栽培技术要点

秋、冬马铃薯所处气候生态条件和生长发育特点与春马铃薯不尽相同，栽培技术上也有一定差异。

一、秋马铃薯栽培技术要点

四川秋季 8~9 月播种栽培的马铃薯称为秋马铃薯。从热量条件来看，四川盆地属于两熟有余三熟不足的地区，一般种植模式为“小春作物—大春作物”一年两熟，在大春作物收获后到小春作物播种（移栽）前有 60 天左右时间，种一季粒用作物不够，可以通过套作等方式增种一季秋马铃薯，因此秋马铃薯大多属于填闲复种栽培，是一种充分利用秋季光温资源，增收一季的栽培方式。

四川的秋马铃薯生产既是一种正常的增产增收途径，也常常被用作救灾补偿栽培，即在大春作物因干旱、洪涝等灾害损失后，增种一季秋马铃薯，以弥补大春损失，即大春损失晚秋补。

四川的秋马铃薯栽培分旱地和稻田两种，无论是稻田还是旱地，秋马铃薯大多与其他作物间套种植。稻田秋马铃薯常常与油菜套作，旱地则常常与玉米、大豆、蔬菜等间套作。

秋马铃薯一般适宜于生长前期气候相对凉爽、霜期较迟的地区，主要分布在四川盆地海拔 1 000 米以下的平丘区域和川西南山地部分低山、河谷地带。

目前四川秋马铃薯生产存在的主要问题是缺少优质种薯，春薯秋播未通过休眠，加之秋季温度较高，雨水较多，田间湿度较大，一方面容易烂种缺苗，另一方面容易产生病害和湿害，导致产量低而不稳，因此秋马铃薯栽培的重点是保全苗，防病害，控湿害。

（一）选地与整地

秋马铃薯栽培应选择耕作层深厚、结构疏松、排透水性强的轻质壤土或沙壤土，前茬以禾谷类或豆类作物为好。旱地秋马铃薯多与玉米、大豆等间套作，应在前作收后及时深挖秋马铃薯播种带，并整细、起垄。稻田整地的重点是排水防湿害，应在水稻散子后排水晒田，水稻收后及时开排水，包括边沟、中沟、厢沟，做

图 5-9　稻田秋马铃薯开沟做厢

到沟沟相通，并采取深沟高厢栽培（图 5-9），一般厢宽 1.5~2.0 米，沟宽 33 厘米左右，沟深 20~40 厘米，厢面略呈瓦背形。

（二）品种选择

秋马铃薯的生育期短，前期又高温多雨，对品种的要求比较严，应选择休眠期短、品质优、产量高、抗性强、生长发育快、结薯早、适应当地气候生态条件的早中熟品种。选择薯块外观好，表皮光滑、芽眼浅、食味品质好，已通过休眠期的健康种薯，提倡用脱毒种薯，种薯质量应符合四川地方标准 DB51/T 821-2008《马铃薯种薯（苗）质量标准和检验规程》的要求。

（三）适时种植

1.确定播种期

根据海拔高度、气候特点和耕作制度合理确定秋马铃薯的播种期。播种期间要尽量避免高温为害，应在日平均气温 25℃以下播种，可以通过秸秆覆盖、利用高秆作物遮阴等方式适当降低土温，或待气候相对凉爽后播种。但必须要保证出苗后有足够的生长期，可根据当地的初霜期，前推 90 天为其播种适期。正常年份，海拔 500 米以下的平坝丘陵区，适播期在 8 月下旬至 9 月上、中旬；海拔 500~800 米低山区，适播期在 8 月中、下旬。播种过早，温度过高，容易烂种；播种过晚，生育期过短，后期易遭霜（冻）为害。由于四川秋季雨水多，土壤湿度大，生产上常常造成播种期推迟，必须抓紧整地，适时抢晴天的早晨、傍晚或阴天播种。

2.种薯处理

秋马铃薯播种正是高温多雨季节，容易烂种死苗缺窝，因此要进行正确的选种和种薯处理。一是尽量选用 20~50 克健康小整薯作种，切块种薯在高温多湿条件下容易感染病菌，造成烂种死苗；二是进行催芽处理，特别是春薯秋播、种薯未通过休眠时，一定要催芽播种，以提高出苗率和缩短出苗时间，延长生育期。

3.合理密植

秋马铃薯的生育期短，植株矮小，种植密度应较春马铃薯增加 20%~30%。一般净作种植密度 5 000~8 000 株/亩，行距 40~60 厘米，株距 20~25 厘米。带状间套种植可根据带宽和马铃薯的幅宽确定种植行数，一般每带播 1~3 行，株距 20~25 厘米。

4.播种方式

可采取平地开浅沟播种，然后覆土起垄。覆土不宜过厚，沙壤土 8~10 厘米，壤土 6~8 厘米，使马铃薯尽快出苗。稻田可采用稻草全程覆盖免耕栽培，在厢面上按规定行窝距摆放种薯，然后盖少量细渣肥或细土，最后盖 10 厘米左右厚的稻草。

（四）配方施肥

根据马铃薯的需肥特性和当地土壤肥力特性确定秋马铃薯的施肥技术，施肥要注意有机无机结合，氮磷钾配合；重施底肥，少施或不施追肥。

秋马铃薯的生育期短，前期生长较快，需肥相对较多，而且稻草覆盖秋马铃薯在稻草覆盖后追肥困难，因此一定要施足底肥。一般亩施农家有机肥 1 500~2 500 千克，混合 20~40 千克专用复合肥或 8~15 千克尿素、30~50 千克过磷酸钙、10~15 千克氯化钾作底肥。在施足底肥的基础上，可以不施或少施苗肥。如施苗肥，一定要早，齐苗后进行。

（五）田间管理

秋马铃薯前期处于高温季节，生长快，田间管理工作要突出一个“早”字。

1.出苗前管理

秋马铃薯播种出苗期间处于高温多雨季节，容易出现烂种死苗，田间管理的目标是防烂种，催发芽，保全苗。应选择优质种薯，催芽播种；精细整地，提高播种质量，盖土不宜过厚；播后检查，若发现盖土不严的应补盖细土，大土块压苗应及时去除；保持土壤湿润，若土壤干旱应及时浇水抗旱，遇雨涝须及时清沟排水，若雨后或浇水后土壤板结或表面起壳，应及时中耕松土。

2.出苗后管理

秋马铃薯的生育期短，出苗后的田间管理重点是促生长、防病虫、早结薯和结大薯。

苗齐后及时查苗补缺。由于秋马铃薯容易缺窝断苗，播种时最好在田边地角多播种预备苗，用于补苗，以保证全苗。

秋季多雨，常理厢沟，防止田间积水；遇旱应及时浇水，保持土壤湿润。雨后土壤易板结，高温高湿田间易长杂草，应及时中耕除草和培土，一般进行 2~3 次。根据底肥用量、土壤肥力及苗期长势长相，及时追肥提苗。秋季高温多雨，马铃薯易发病害，特别是晚疫病，应注意防治。

（六）及时收获

四川秋马铃薯大多作蔬菜鲜食用，可根据生长情况和市场需求进行收挖，也可到春节前后收获。若作加工用，最好到生理成熟时收获。收获过程中轻装轻放减少损伤，防止雨淋。商品薯收获后，薯块要薄摊或筐装避光通风贮藏，防止表皮绿化。

二、冬马铃薯栽培技术要点

冬马铃薯是指在头年10月下旬至11月下旬播种栽培，翌年2~4月收获的马铃薯。一般在四川海拔较低、冬季温光资源较好的平坝、丘陵地区种植。

四川冬马铃薯大多作鲜食菜用，有的净作，也有的与其他蔬菜间套作。近年丘陵地区结合耕地改制，在试验示范冬马铃薯与小麦间套作，在原“小麦/玉米/甘薯”、“小麦/玉米/大豆”等带状间套多熟种植模式上，利用小麦预留行增种冬马铃薯，形成“小麦+冬马铃薯/春玉米/甘薯或大豆”种植模式。

发展冬马铃薯可以充分利用冬季光温资源，提高土地和光能利用率，而且可以适应市场需求，错开上市季节，价格好，效益高，是农民增收的重要途径，在四川发展较快。

冬马铃薯苗期处于严寒冬季，栽培的重点是防寒防冻。

（一）种薯准备

冬马铃薯主要生长在冬春季节，气温低，应选择生育期适中、耐寒性强、丰产性好、品质优、抗病性强的品种。严格挑选种薯，尽量选用脱毒种薯，种薯质量应符合四川省地方标准DB51/T 821-2008《马铃薯种薯（苗）质量标准和检验规程》的要求。外地调进的种薯应进行消毒。提倡用小整薯做种，特别是播种时湿度较大、雨水较多的地区和地块，不宜切块。未通过休眠期的要进行催芽播种。

（二）整地播种

1.选地与整地

选择土层深厚、土壤肥沃、排灌方便，最好两年以上未种过马铃薯或烟草、番茄、辣椒、茄子等茄科作物的壤土或沙壤土。

前作收获后及时进行翻耕（或深挖），一般耕深20~30厘米，并进行精细整地后起垄。稻田应早开沟排水，采取深沟高厢栽培，也可采用免耕稻草覆盖栽培技术。

2.施足底肥

坚持以“有机肥为主，化肥为辅，重施底肥，增施钾肥”的原则。每亩施人畜粪2 000千克，农家土杂肥1 000~2 000千克，专用复合肥30~50千克或尿素5~15千克、过磷酸钙30~50千克、钾肥10~15千克或草木灰100千克作底肥。

3.适时播种

冬马铃薯一般在10月下旬至11月中、下旬播种，在没有前作限制和保证安全越冬的前提下，播种越早，生长期越长，产量越高。

4.合理密植

净作冬马铃薯适宜密度为 4 500~8 000 株（穴）/亩。早熟品种适当密播，中晚熟品种适当稀播。提倡垄作栽培，小垄单行一般行间（垄间距）50~70 厘米，穴（窝）距 15~25 厘米；大垄双行一般垄间距 70~100 厘米，穴（窝）距 20~30 厘米，错窝栽培。

间套作栽培密度一般 2 500~5 000 株（穴）/亩，根据带宽和行比确定马铃薯的行距，穴（窝）距 20~25 厘米。

5.地膜（稻草）覆盖

播后盖土厚 5~10 厘米。最好加盖地膜（稻草），以提高土温，抵御严寒。地膜覆盖一般采用先播种后盖膜方式，出苗后及时破膜引苗。也可以先盖膜后播种。稻田冬马铃薯也可以采取稻草覆盖免耕栽培，播后盖 10 厘米左右厚的稻草。温度低的地区，可先盖一层干稻草，然后再盖地膜，双重保温防冻。

（三）田间管理

1.中耕除草

齐苗后及时查苗补缺，保证全苗。当幼苗出土 5~10 厘米时，结合除草进行第一次中耕，深度 10 厘米左右。以后视田间土壤结构、杂草发生情况和苗情再进行 1~2 次中耕除草，并结合培土。

2.肥水管理

苗齐后追第一次肥，每亩追施人畜粪 1 500 千克，尿素 5~10 千克，硫酸钾 10 千克。以后视苗情酌情追肥，以人畜粪为主，可加少量化肥。收获前 20 天，植株封行或开花后不宜再进行追肥。

播种后若遇冬春干旱，应根据天气情况进行灌溉，使表土经常保持湿润状态。若雨水过多，田地低洼积水，则应及时清沟排水，特别是生育后期。

3.防寒抗冻

冬马铃薯易受霜冻冷害的影响，严重时造成马铃薯冻伤冻死，在栽培上可采取健身栽培和农业措施防止或减轻冻害。

(1) 覆盖保温　可用稻草、秸秆等覆盖或地膜覆盖保温防冻，如遇严寒还可采取地膜加秸秆双重覆盖。

(2) 增施热性肥料　适当增施热性肥料及含钾肥料如草木灰、火烧土等。因热性肥料可增加地温，钾能影响细胞的透性，提高细胞原生质的浓度，因而增强抗寒性。

(3) 施用延缓剂　霜冻来临前叶面喷施 100~200 毫克/千克（0.01%~0.02%）的多效唑或 10~15 毫克/千克的烯效唑溶液，不仅可以延缓生长，矮化植株，加厚叶片，增强抗寒性，而且还有防止徒长，改善光合产物分配，促进块茎生长的作用，特别是现蕾期施用。

(4) 熏烟驱霜　霜冻来临当夜，用炉或废旧铁桶装稻谷壳或锯木屑泼少量废柴油或废机油，点火燃烧，上面覆盖少许土压灭明火，进行烟熏，改变小气候，达到驱霜防霜的目的。每亩放5~6个。

(5) 灌水保温　寒流降温来临前1~2天往畦沟灌半沟水，畦面保持湿润，以增加土壤的热容量和降低导热率，提高地温，减轻冻害，寒流过后即排干水。

4.防治病虫

重点防治晚疫病、霜霉病、青枯病等病害。

第四节 四川马铃薯栽培重点推广的技术

"马铃薯间套垄作高产栽培技术"和"稻茬田秋马铃薯免耕稻草覆盖栽培技术"是目前四川马铃薯生产重点推广的两项技术。

一、马铃薯间套垄作高产栽培技术

(一) 技术概述

马铃薯间套垄作高产栽培技术是以合理间套作和土壤垄作为核心（关键技术），优化集成现有先进实用栽培技术而成的集成创新技术。该技术一方面通过适宜的作物组合和搭配，建立合理的田间配置和空间结构，利用作物间的互利共生关系，充分利用时间和空间，发挥资源优势，提高单位土地面积的周年产量；另一方面通过土壤垄作，加厚土层，增加土壤表面积，协调土壤水肥气热矛盾，为马铃薯的生长发育创造适宜的土壤环境，从而提高马铃薯的产量和品质。大面积的试验示范表明，该技术增产增收效果好，适应性强，技术成熟稳定，应用范围广，推广应用前景好。

该技术适宜在四川盆周山区、丘陵旱地和川西南山地的中低海拔地区推广。

(二) 栽培技术要点

1.适宜作物组合，合理田间配置

这是协调作物间矛盾，充分利用时间和空间的技术关键。

(1) 巧妙搭配　马铃薯可与玉米、大豆、蔬菜等作物间套种植。马铃薯应选择产量高、品质优、抗病性强、株型紧凑、结薯集中的中早熟品种；与之间套作的玉米、大豆等作物应选择苗期耐荫、株型紧凑的高产、抗病中晚熟品种。

(2) 适宜行比　以1.5~2.0米开厢，马铃薯与玉米等间套作物的行比以2∶2为宜，改变生产上行比1∶2的模式，适当增加马铃薯的比例，在不影响或较小影响间套作物条件下可大幅度提高马铃薯产量。尽可能采取东西行向。

2.选择良种，进行种薯处理

(1) 选择优良品种　选择品质优、丰产性好、生育期适中、适应性广、抗病性强的优良品种。可选用米拉、川芋系列、中薯系列、凉薯系列等品种。

(2) 选用优质种薯　用脱毒薯做种，选择具该品种典型特征、中等个头、完整、均匀、无病虫、无损伤、已通过休眠期的块茎作种，剔出带病虫的、破烂的、畸形的薯块。

(3) 种薯催芽和消毒　种薯催芽方法：用赤霉素2~10毫克/升浸泡10~15分钟，捞出摊放晾干，然后于沙床催芽，一层种薯一层沙，堆放5~6层，沙保持湿润，一般1周左右即可。

种薯消毒方法：用300~500倍高锰酸钾液浸种20分钟；或草木灰拌种；或40%福尔马林200倍液喷洒或浸种5分钟。

3.科学作垄，合理密植

一般垄高20厘米，垄面宽40厘米，垄底宽70厘米左右。在垄上开沟或挖穴播种，每垄种双行，错窝种植，行距30厘米左右，株距20厘米左右，每亩3 000~5 000株。

4.适时播种，地膜覆盖

根据当地的耕作制度、气候条件和品种特性而定。一般在10厘米土温稳定上升至6℃~7℃时即可播种，川西南山区和盆周山区春马铃薯的适宜播种期为1月下旬至3月上旬。播种后盖好地膜，但土壤墒情差（土壤干旱）的地区和地块不宜盖膜，以免干旱抗苗。

5.科学施肥，合理灌溉

(1) 施肥原则　间套作，除了考虑马铃薯本身的需肥特性外，还应考虑与其间套作的作物对养分的需求，坚持“有机无机结合、氮磷钾配合；重施基肥，早施追肥”的施肥原则。

(2) 施肥技术　一般亩施优质农家肥1 500~2 500千克、马铃薯专用复混肥50~100千克作底肥，苗齐后追施5~8千克/亩尿素，克服生产上不施追肥的落后栽培方式。

(3) 合理灌溉　遇久旱不雨，土壤干旱应及时灌水保苗和促进块茎的形成、膨大。

6.加强田间管理，确保优质高产

(1) 中耕、除草、培土　马铃薯出苗后，应及时进行中耕，疏松土壤，除去杂草；植株封行或开花前培土 1~2 次，以加厚耕层，加固植株，创造块茎形成和膨大的有利环境。

(2) 控制旺长　如田间植株生长过旺，可在现蕾和开花期两次喷施 0.15%~0.2%多效唑溶液，抑制地上部分生长，促进光合产物向块茎转运。

(3) 根外追肥　开花后期，可叶面喷施 0.3%磷酸二氢钾溶液，每 10 天一次，连喷 3~4 次，以防止早衰，提高产量和品质。

(4) 病虫害综合防治　坚持病虫害综合防治原则，主要措施有合理轮作，避免重茬；选用无病种薯或脱毒种薯；采用小整薯，避免切刀传播；加强肥水管理，增强抗性；结合中耕培土，及时拔除病株等。晚疫病是马铃薯的主要病害，为害严重，必须加强防治。

7.适时收获，正确贮藏

马铃薯成熟后，应及时收获，减少病虫害造成的损失，以及秋雨造成的田间腐烂和贮藏过程中的腐烂。一般在茎叶淡黄，基部叶片枯黄脱落，匍匐茎干缩时割苗收获。收获要在晴天、凉爽、无露水条件下进行，收获前 7 天，停止喷施化学药剂。马铃薯收获后应放于阴凉处，摊晒 2~3 天，防止暴晒、雨淋，然后进行分级分装贮藏，贮藏应该保持通风、适温。

二、稻茬田秋马铃薯免耕稻草覆盖栽培技术

(一) 技术概述

为了提高稻茬田种植效益，探索省工、节约成本、优质、高产、高效益的种植模式，1996 年四川开始试验示范稻茬田秋马铃薯免耕稻草覆盖栽培技术，并在取得经验的基础上不断扩大示范效果。稻茬田秋马铃薯免耕稻草覆盖栽培，已成为四川秋马铃薯在生产上大力推广的一项省工、增产的实用技术。它是在早中稻收获后的茬口田，采用免耕土表播种，播后施肥覆盖稻草栽培马铃薯的一种方法。这项技术具有省工省力省时、增产增收、培肥地力、调温保墒、抑制杂草、调整结构等优点和特点，技术成熟稳定，已大面积推广应用。主要在四川平原和丘陵稻作区推广。

(二) 栽培技术要点

1.深沟高厢，防除湿害

齐泥收割水稻，浅留稻桩。水稻收获后，立即在稻田依排水方向拉线开沟作

厢。槽沟下湿田，按一沟一厢宽 2.27 米开沟作厢，其中厢面宽 2 米，沟深 33~40 厘米。一般稻茬田，按一沟一厢宽 4.27 米开沟作厢，其中厢面宽 4 米，沟宽 26.7 厘米，沟深 33~40 厘米。在距田埂四周 1 米处开设边沟，沟宽 26 厘米，沟深 33~40 厘米。开沟所起泥土碎细均匀后铺盖厢面，使全田厢面高低一致。

2.选用良种，适时播种

秋马铃薯生育期短，一般只有 80~90 天，应选熟期早、丰产性、抗病性好的川芋系列、中薯 2 号、中薯 3 号、费乌瑞它等早熟品种。马铃薯系喜凉作物，秋马铃薯播种正值高温多雨季节，过早播种易烂种缺苗，迟播生育期短，产量不高。播种期以日平均气温稳定降至 25℃以下为宜。正常年份，海拔 500 米以下的平坝丘陵区，适播期在 8 月底至 9 月 5 日前；海拔 500~800 米低山区，适播期在 8 月中、下旬。

3.催芽处理，带芽播种

带芽整薯播种是促进秋马铃薯出苗早、出苗整齐的关键技术。为有利于培育全苗壮苗，种薯以选用 20~30 克重小薯整薯播种为宜。马铃薯一般有 2~3 个月休眠期，要根据不同情况进行种薯处理。平丘区自留春马铃薯作秋播种薯，播种时多数已经发芽，不必进行催芽处理。半山以上春马铃薯作秋播种薯，由于种薯未通过休眠期，直接播栽不易发芽，播前必须进行催芽处理，才能保证全苗。催芽方法：在播种前 5~7 天用赤霉素 0.0001%水溶液浸种，浸后放在室内，上下铺垫湿润稻草，中间放置种薯，催出芽后再播。也可在播种前 10~15 天只用湿润稻草覆盖催芽，不用赤霉素浸种。

4.合理密植，施足基肥

稻茬马铃薯与油菜套作田块，马铃薯、油菜均可采取宽窄行种植。马铃薯宽行 60 厘米，窄行 20 厘米，窝距 23.3 厘米，每亩实际播马铃薯 6 500 窝左右。10 月中旬在每行马铃薯宽行中间免耕挖窝栽 2 行油菜，2 行之间距离 26.6 厘米（即窄行马铃薯收后为油菜宽行），窝距 23.3 厘米；稻茬净作马铃薯，行距 33.3 厘米，窝距 23.3 厘米，每亩实播 8 000~9 000 窝。播种马铃薯时，不需打窝，只需将种薯用手按规定的窝行距放在田面稻桩上，使种薯与土壤紧密接触。秋马铃薯生育期短，加之覆盖后追肥困难，要施足基肥。要求一般每亩施足有机肥 1 000~1 500 千克，尿素 10~15 千克，过磷酸钙 25~30 千克，草木灰 100 千克。有条件的地方，提倡施用氮、磷、钾三元复合肥或复混肥。有机肥、化肥撒施于马铃薯窄行播种带。

5.备足稻草，均匀覆盖

稻茬田免耕稻草覆盖栽培秋马铃薯，无论是马铃薯套油菜，还是净种秋马铃薯，要求每亩马铃薯用1.5~2亩稻田的稻草覆盖，盖草厚度达到10厘米左右。盖草方法，在马铃薯播种施肥后，及时用事先准备好的稻草按稻草与厢垂直、草尖对草尖均匀覆盖整个厢面。马铃薯、油菜套作田块，栽油菜时稻草已近腐烂，直接在马铃薯宽行间挖窝或撬窝栽种油菜。净作马铃薯田，马铃薯收后掀开稻草，表土机械条点播小麦，表层撒施底肥后，再将尚未完全腐烂的稻草均匀覆盖厢面。油菜或小麦收后免耕抛栽水稻。

6.加强田间管理

(1) 及时查苗补苗　对因种薯发芽不好或烂种造成缺窝少苗的，可采取匀密补稀或育预备苗的办法，及时查苗补缺，以确保全苗。

(2) 抗旱排涝　秋马铃薯出苗前后必须及时做好抗旱排涝，以促苗保苗。如播种期干旱较重，播种后要注意浇水，以保持行垄湿润为度，直至出苗；对湿度大的田块，一定要深沟高厢除湿。出苗以后，无干旱就不必浇水；若遇绵雨，要及时清沟排水，防渍防湿。

(3) 及时防治病虫　苗期注意防除青枯病，发现病株要及时拔除并销毁。晚疫病对秋马铃薯产量影响大，必须加强观察，及时防治。同时，要加强对芽虫的防治。

(4) 适时收获　一般在初霜来临前及时收获，正常情况，12月中、下旬可收获。稻草覆盖秋马铃薯，只需翻开稻草，将土面上的薯块拣回即可。劳力许可的农户，可根据市场价格或需要，采取分期采收的办法，即把稻草轻轻拨开，采收已长大的薯块，再将稻草盖好，让小薯块继续生长，这样可及时上市，增加收益。

第六章

马铃薯主要病虫草害防治

马铃薯是无性块茎繁殖作物，多种病害随着种薯的感染传播，加之四川属盆地地貌，周年气候温和，潮湿多雨，很适合马铃薯各种病害发育，历来是马铃薯各种主要病害流行区域，并严重影响马铃薯生产发展。

第一节 马铃薯主要病害特征与防治

马铃薯病害包括病毒病害、真菌性病害和细菌性病害。

一、病毒病

马铃薯病毒病的病原为病毒。马铃薯在生长期间容易被病毒侵染形成病毒性退化，所以马铃薯虽然是高产作物，但常常并不高产稳产。病毒性退化是四川马铃薯生产的主要威胁，病毒病害虽很少是致死性的，但却能降低植株活力造成块茎产量严重损失，一般鲜薯减产20%~30%，退化严重的减产可达80%以上。由于各种病毒病害症状变异大，病毒病害的鉴定依靠肉眼是很困难的。症状变异的原因包括：病毒的株系不同引起的症状不同；植株不同的生长期对病毒侵染的反应不同；马铃薯品种和环境条件也影响症状的表现。病毒的鉴定方法包括：提纯、电镜检查、物理性状的测定、电泳-血清学和其他的一些技术。近年来新近发展的ELISA（酶联免疫吸附测定）血清学技术和RT-PCR（逆转录PCR）的分子技术，大大提高了病毒检测的灵敏度和鉴定的准确性。

（一）病毒种类

为害马铃薯的病毒有多种，目前在我国和四川造成马铃薯退化的主要病毒和类病毒有：马铃薯卷叶病毒（PLRV）、马铃薯Y病毒（PVY）、马铃薯A病毒（PVA）、马铃薯X病毒（PVX）、马铃薯M病毒（PVM）和马铃薯S病毒（PVS）

六种病毒和马铃薯纺锤状块茎类病毒（PSTVd）等。其中，最常发生的是马铃薯卷叶病毒、马铃薯 Y 病毒、马铃薯 S 病毒，然后是马铃薯 X 病毒、马铃薯 A 病毒、马铃薯 M 病毒，但为害最重的是马铃薯卷叶病毒和马铃薯 Y 病毒。一种病毒一般引起产量损失 10%左右，严重时可造成 50%以上的损失；在几种病毒复合侵染的情况下会引起更严重的为害。

（二）传播途径

马铃薯病毒传播的主要途径有：接触传毒、昆虫介体传播、种薯传毒和土壤传毒几种类型。蚜虫等害虫在为害病株后再侵害健株可传播病毒，有翅蚜流动性大且传播快是最主要的病毒传播途径；田间病株与健株枝叶接触摩擦、切种用的切刀、田间管理时农具和人的衣物都会传播病毒；病毒一旦侵入马铃薯植株，就能使块茎带毒，病毒便随着种薯代代相传；温度对马铃薯种薯退化速度有很大的影响。低温条件下，病毒在植株体内增殖速度慢，为害轻，种薯退化速度慢；高温会加快病毒增殖和传播，降低植株对病毒侵染的抵抗力，种薯退化快。

（三）症状

病毒病病症表现因感染的病毒种类而不同，可出现卷叶、花叶、叶皱缩、叶黄化，植株矮小、丛生、薯皮裂口等现象。

1.马铃薯卷叶病毒病

图 6-1　马铃薯卷叶病毒病
（图片来源：《马铃薯主要病虫害及线虫》）

卷叶病毒是为害马铃薯最严重的病毒之一，对遍布世界的马铃薯种植区造成严重产量损失。易感品种的产量损失可高达 90%。卷叶病毒病主要症状是幼嫩叶片出现卷叶和梢变白，在一些品种上，幼叶沿边缘开始呈现粉红至微红色（图 6-1）。后期感染可能不显症状。高感品种的块茎薯肉中有明显的坏死组织。

2.马铃薯 Y 病毒病

Y 病毒是最严重为害马铃薯的病毒之一，随病毒毒株系和马铃薯品种不同，症状差异较大，由无症状到轻花叶、粗缩和皱缩花叶等，和马铃薯 X 病毒、马铃薯 A 病毒 复合感染时更具有毁灭性，常引起严重皱缩花叶，造成马铃薯的绝收（图 6-2）。

3.马铃薯 A 病毒病

A 病毒病广泛分布于大部分马铃薯种植区，引起轻型花叶，严重时，在叶片上

图 6-2 马铃薯 Y 病毒病（图片来源：《马铃薯主要病虫害及线虫》）

图 6-3 马铃薯 A 病毒病（图片来源：《马铃薯主要病虫害及线虫》）

淡黄色或淡色的不规则区与较正常绿深暗的相似区交替，在叶脉上及叶脉之间呈面积大小不同的斑驳。叶面稍有脉缩，叶片的边缘可以变成波状，被侵染的叶片整体发亮（图 6–3）。高温和光照下，对症状识别更困难，甚至可以完全隐症。当和马铃薯 Y 病毒复合感染时可引起较严重的皱缩花叶，造成严重减产。

4.马铃薯 X 病毒病

马铃薯 X 病毒病发生在种植马铃薯的任何地区，它是最广泛传播的马铃薯病毒，马铃薯 X 病毒潜伏感染，症状不明显，严重感染表现出轻微斑驳至严重的皱缩花叶，引起植株矮化，叶片缩小（图 6–4）。与马铃薯病毒 A 或 Y 病毒混合感染时，引起叶片卷曲、皱缩或坏死。

图 6-4 马铃薯花叶病（包括马铃薯 X 病毒，马铃薯 M 病毒，PVS）（图片来源：《马铃薯主要病虫害及线虫》）

5.马铃薯 S 病毒病

马铃薯 S 病毒病在大部分马铃薯品种上一般无症状，在一些品种上呈现叶脉和叶片的皱缩，或者阻碍生长。症状严重时，在靠上面的叶片上可以引起坏死斑；老叶叶背可以发展成淡绿色的斑点，而不变成均匀一致的黄色。

6.马铃薯 M 病毒病

马铃薯 M 病毒经常与 X 病毒和（或）S 病毒混合侵染，命名为卷花叶病。地上部的症状包括斑驳、花叶、皱缩和卷叶；枝条矮小，嫩叶畸形和扭曲，植株顶部有些卷曲。

7.马铃薯纺锤块茎类病毒病

马铃薯纺锤块茎类病毒也引起番茄病害。开花之前，蔓上症状很少出现。茎和花梗变得细长、挺直；小的嫩叶边缘向上卷，形成凹槽状，顶端小叶重叠在一起；叶与茎较正常直立，靠近地面的叶片明显变小、挺直，而健叶则靠在地面上。重型株系引起小叶扭曲，叶面皱缩不平。在光照条件下，病株外表粗糙。块茎伸长，横断面较圆，某些品种顶端较尖；块茎表皮锈斑变光滑，红皮变成粉红色，紫皮变成浅熏衣草色。芽眼数量增加，呈“眉状”。坏死斑通常在皮孔周围，常产生表皮纵向裂缝。某些品种块茎上出现肿瘤，严重畸形。坏死组织可以延伸到块茎薯肉中。带病的块茎，有时完全无症状（图 6–5）。

图 6–5　马铃薯纺锤块茎类病毒病（图片来源：http://photos.eppo.org/index.php/album/226-potato-spindle-tuber-viroid-pstvdo-）

8.马铃薯帚顶病毒病

马铃薯帚顶病毒病可能在有马铃薯粉痂病的条件下发生，多在四川的冷凉地区出现，为害严重时，对块茎品质有严重影响。症状包括：黄色条纹、斑点、环或具鉴别特征的“V”字形，特别是在较低的叶片上；上部叶片上有苍白色“V”形条纹；茎矮化、节间缩短；被侵染的块茎没有症状，或在表面带有突起的环。感病品

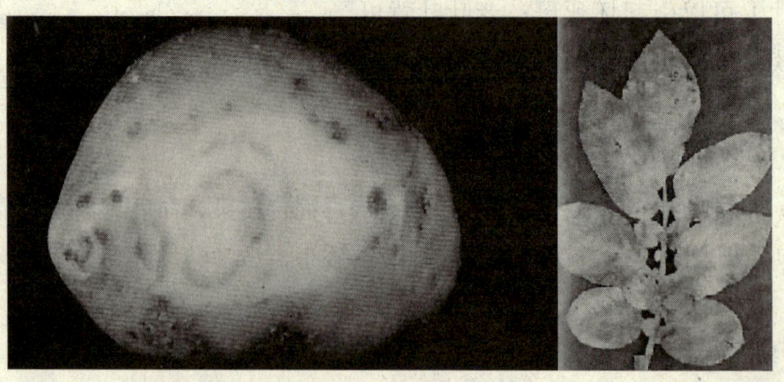

图 6–6　马铃薯帚顶病毒病（图片来源：《马铃薯主要病虫害及线虫》）

种，薯肉里可以呈现弧形坏死（图 6–6）。

（四）防治措施

采用脱毒种薯在生产上能大幅度增产，但因留种和栽培措施不当，很快又会发生马铃薯病毒性退化。应采用综合防治措施进行防控，才能获得良好的效果：

⑴ 使用脱毒种薯作种。应选择可靠种薯生产单位生产的优质脱毒种薯。

⑵ 轮作，忌与茄科作物连作，防止土壤传播病毒。

⑶ 采用抗病品种。

⑷ 提倡整薯而不是切成芽块作种；田间操作时避免工具造成叶的接触；对切刀和其他器具进行消毒，用 0.25%次氯酸钠溶液，或 1.0%次氯酸钙溶液中浸泡或冲洗。

⑸ 早种早收，拔除有病植株。

⑹ 控制蚜虫传播。用杀虫剂作叶面喷雾和内吸剂处理土壤，预防田间高密度蚜虫，在叶面喷洒油剂。种薯生产通过黄皿诱蚜，在蚜虫大量迁飞之前确定收获时间。

二、真菌性病害

马铃薯真菌性病害的病原为真菌。四川发生的真菌性病害主要有晚疫病和癌肿病。

（一）晚疫病

晚疫病是全世界最重要的马铃薯病害，如果不采用杀菌剂加以防治，条件适宜时，发病迅速，为害最大，可能是毁灭性的。晚疫病在四川各产区年年均有不同程度发生，轻者减产 10%~30%，重者减产 50%以上。

1.传播

致病霉菌菌丝体在未收获的块茎里，在田间或贮藏窖、库附近的废弃薯堆里，或贮藏的块茎和种薯里越冬。田间植株发病后，在适当的温、湿度条件下，病菌通过气流和雨水很快传播，一部分感染别的植株继续在田间侵染繁衍，一部分落到土壤中侵染块茎。土壤覆盖不好的，或因块茎迅速生长引起土壤裂缝，暴露的块茎易被侵染；潮湿条件下收获，块茎也可能被侵染；贮藏时，在适宜条件下，致病疫霉也可能发生传播。

感病的块茎，严重者在田间和贮藏期间腐烂，只有个别患病极轻的可以残存到次年或下季。如用感染晚疫病的病薯作种，播种后随着芽的萌发出土，块茎中越冬的菌丝体逐渐蔓延到幼芽上，沿芽条向上发展，在一定条件下，形成中心病株，病菌随风吹、雨溅向四周马铃薯扩展。部分落入土中的病菌侵染新的块茎，晚疫病菌就是如此年复一年地发生和循环。

2.症状

感染晚疫病的植株，开始的典型症状是小的、灰暗至黑绿色的、不规则形的斑点，在有利的环境条件下，它们呈水浸状不规则暗绿色病斑，迅速发展成大的、褐色至紫黑色的坏死病斑。该病斑扩展杀死叶片，并通过叶柄传播到茎，最后杀死整个植株。经常在叶片坏死斑区域外围，有一个淡绿色至黄色的晕圈。湿润条件下，在叶片背面的病斑、叶片边缘出现白色霜霉（图 6–7）。在田间，被晚疫病严重侵染的植株，散发出一种特殊的气味。

图 6–7　感染晚疫病的植株（图片来源：《马铃薯主要病虫及线虫》）

感病的品种，被侵染块茎的表面表现无规则的、萎缩变褐、凹陷的表皮并腐烂（图 6–8）。在发病的和健康的组织之间界限并不清楚。次生微生物（细菌和真菌）经常随着致病疫霉的侵染而侵染，导致块茎部分或完全破坏并出现复杂的特征。在自然条件下，晚疫病还可以为害其他茄科植物。

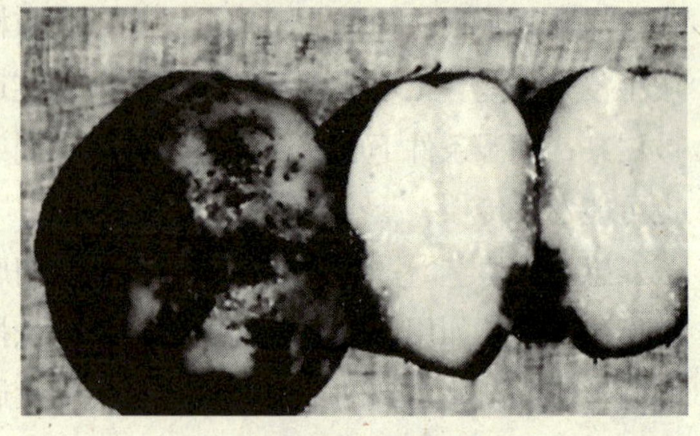

图 6–8　感染晚疫病的块茎（图片来源：《马铃薯主要病虫及线虫》）

3.防治措施

晚疫病发病迅速，一旦发生，很难控制，为害严重，要大力宣传、普及对马铃薯晚疫病的防治工作。

(1) 轮作，忌与茄科作物连作。

(2) 使用无晚疫病菌感染的种薯和控制潜在的传染源，如薯堆遗弃物、自生苗等。如果植株地上部分受到晚疫病侵染，则最好在收获前将病秧割除并清理出田块，防止收获的块茎与之接触。

(3) 建立晚疫病的测报和及时用药系统，依靠温度和雨量，或温度和相对湿度的记录，进行预报晚疫病发生和控防。通过预测预报，区域性晚疫病的中心病株出现期尽早应用保护性杀菌剂。当植株封垄后茎生长旺盛、叶冠内已形成高的相对湿度时，定期地应用杀菌剂，以保证秧蔓和叶片被药液完全、均匀覆盖。

(4) 高垄栽培，减轻田间湿度。

(5) 通过充分培土使块茎被土壤完全覆盖，以阻止块茎侵染。

(6) 贮藏前剔除被侵染的块茎，预防贮藏期间的腐烂。保持适当的空气流通和冷凉的温度。

(7) 尽可能地采用抗病品种。

(8) 采用高效低毒内吸性杀菌剂防治，如瑞毒霉，甲霜灵锰锌、克露、银发利等。必须在晚疫病发生前进行药剂防治，即当日平均气温在10℃~25℃之间，下雨或空气相对湿度超过90%有8小时以上，4~5天后应喷洒药剂进行防治。例如：亩用70%代森锰锌可湿性粉剂175~225克兑水进行叶面喷洒。当田间发现中心病株，应立即拔除或摘下病叶销毁，并采用不同杀菌剂轮换使用，连喷2~3次，可达到一定效果。如亩用25%瑞毒霉可湿性粉剂150~200克兑水进行叶面喷施，多次喷施的时间间隔为7~10天。

(二) 癌肿病

马铃薯癌肿病是检疫对象。20世纪70年代，四川省凉山州等地区有发生，80年代末基本得到控制。

1.传播

马铃薯癌肿病的病原为内生集壶菌，不产生菌丝，而是以游动孢子侵入寄主表皮，增殖成一个原孢子堆，进一步发展成孢囊堆。通过寄主组织的腐烂，休眠孢子从瘿瘤里释放出来。该菌能以休眠孢子囊形态在土壤里存活长达38年。病原菌的传播是通过被土壤污染的块茎、器具、容器等，休眠孢子囊不规律的萌发，产生游动孢子，传播需要水。癌肿病菌在茎、匍匐茎、芽和芽眼的感病组织里最为活跃。据报道，病害局限于平均温度18℃或低于18℃的凉爽夏季或平均5℃或低于5℃的冬季，年降水700毫米的环境区域。土壤里，病害发生的pH值范围是3.9~9.5；温度在 12℃~24℃时，有利于侵染。

2.症状

马铃薯癌肿病产生的瘤或瘿瘤的大小如豆粒至人的拳头，常在茎的基部发生（图 6–9）。地上部瘤绿色至褐色，成熟时变成黑色，而后腐烂。偶尔瘿瘤在茎的上部叶上或花上形成。地下部的瘿瘤在茎基部、匍匐茎顶端和块茎芽眼上出现。块茎可以被瘿瘤覆盖或全部取代（图 6–10）。地下瘿瘤白色至褐色，由于腐烂，最后变成黑色。对癌肿病免疫的马铃薯品种，瘤是肤浅的和似疮痂的；而非抗性品种，游动孢子侵染后，由于被侵染组织的坏死（过敏反应），不久死亡。

图 6–9 感染癌肿病的植株（图片来源：《马铃薯主要病虫害及线虫》）

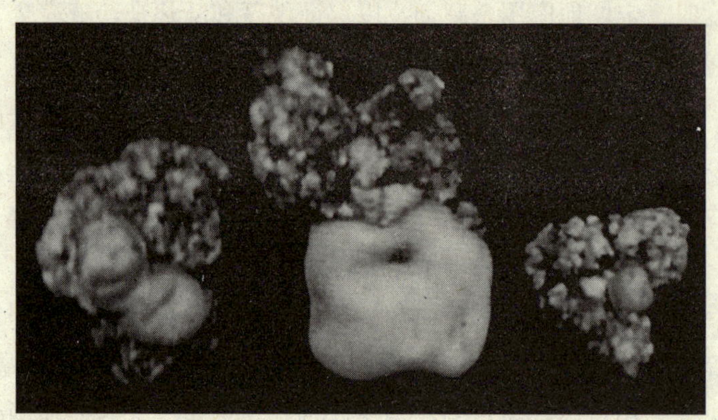

图 6–10 感染癌肿病的块茎（图片来源：《马铃薯主要病虫害及线虫》）

3.防治措施

（1）履行严格的检疫措施　马铃薯癌肿病是我国对内对外的重要检疫对象之一。鉴于该病局限在云、贵、川交界的少数地方，应进行普查，摸清病害的区域分布，划定疫区，监察疫情，严查种薯外调。

（2）使用推广抗病品种和抗病脱毒种薯　癌肿病发生区，应当把种植高度抗癌的品种置于防治首要位置。许多品种对癌肿病免疫和抗病，如米拉、川芋 56 等。栽培这样的品种，除了不感病或感病极轻外，还能减少病菌在土壤中年复一年的积累，起着减少田间病源的作用。四川凉山州由于大力选育推广了米拉、凉薯 30 高抗品种，取得明显成效。

（3）实行较长期的轮作制　由于癌肿病菌在土壤中能够长期存活，因此，发病区应尽可能实行马铃薯与禾谷类作物或豆类作物 4~5 年的轮作制，改进栽培技术。

目前尚没有发现有效防治癌肿病的化学药剂。

三、细菌性病害

马铃薯细菌性病害的病原为细菌。四川发生的细菌性病害主要有青枯病和疮痂病。

（一）青枯病

青枯病是一种难以解决的世界性细菌性病害，可侵染多种植物，对无性繁殖作物为害严重。四川及我国西南地区大部分主产区都有发生，一般鲜薯损失 20%（包括田间和贮藏烂薯）以上，严重时导致绝收。青枯病是我国马铃薯生产发展障碍的重要病害之一。

1.传播

青枯病的病原为青枯假单孢杆菌，侵染源有带病种薯、土壤、其他感病植物（包括杂草）和农家肥料等。土壤是重要传染来源之一；其他的感病栽培植物和杂草在传播中也起重要作用；肥料中有时含有带菌块茎及植株残体等，未经腐熟就施入地里，也易造成感染。四川及我国南方热带和亚热带地区，病原主要通过调运种薯蔓延；病原菌还会随水、工具、动物等传播。高海拔冷凉地区马铃薯生产，病菌随种薯长期潜伏侵染，而块茎表皮无症状，种植后在条件适宜情况下，田间病株大量发病。

大多数青枯病菌株的最适生长发育温度为 30℃~32℃，而一些菌株在较低的温度下却生长较好。青枯病在土壤 pH 值 5.5~8 均能发生，但青枯病菌不耐盐碱。

青枯病菌不耐干燥，特别是土壤干燥不利于其存活，但在多雨高湿条件下易发，在条件适宜时可存活较长时间，在土中的植株残体上也可长期存活。

2.症状

青枯病田间症状是叶片萎蔫，发育延缓和变黄。青枯病可发生在马铃薯生长的任何阶段，在高度感病品种的幼嫩、多汁植株上叶片萎蔫和茎枯萎严重。萎蔫的叶可褪成淡绿色，最后变褐，叶片干枯时，叶缘不卷曲（图 6-11）。被侵染植株的块茎，可以不表现症状。通常，横切面表现清晰的灰褐色维管束变色，变色可以扩展到髓部或木质部组织的皮层。当块茎切成一半并给予轻压时，维管束环溢出灰白色的细菌菌脓溢滴。可是，某些品种可不产生维管束环的褐变。芽眼（经常在芽或顶部末端）多变成灰褐色，并在它们表面或匍匐茎连接处形成黏稠的溢出物（图 6-12）。细菌的溢出物与土壤混合，导致土壤颗粒附在块茎表

图 6-11　感染青枯病的植株

面。被侵染的块茎留在地里继续腐烂，次生的微生物把它转化成粘性物，由一薄的皮层和表皮包围着。

图 6-12　感染青枯病的块茎

3.防治措施

目前尚无抗病品种，又无有效化学药剂防治，结合耐病品种（如川芋 6 号等），采用农业综合防治措施就显得尤为重要。

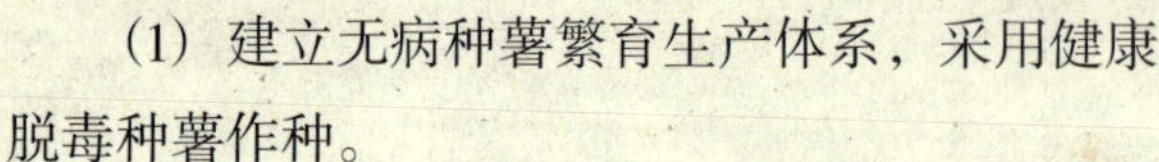

（1）建立无病种薯繁育生产体系，采用健康脱毒种薯作种。

（2）采用无病菌感染的整薯作种，切薯切刀严格消毒。

（3）进行水旱轮作和与非寄主作物间套能降低病害的严重程度。

（4）高厢垄作，并在马铃薯整个生长期间注意田间排水，降低田间湿度。病区渍水、排水不良田块不宜种植。

（5）及时拔除病株。青枯病发生后，随着流水、根的接触而扩散蔓延。病株一出现应立即拔除，连同基部泥土，块茎一起铲除深埋或烧掉。

（6）不使用带菌肥料，避免农具传染等，都可在一定程度上起到减轻病害的作用。

（7）加强抗病或耐病品种的选育推广。

（8）感染病菌田块可间隔 3 年以上再种植马铃薯。

（二）疮痂病

疮痂病不同程度地存在于大部分马铃薯种植区，严重影响块茎的等级、质量，对产量影响不大。

1.传播

疮痂病的病原为疮痂链霉菌。多年种植块茎、根植物的土壤里致病的链霉菌含量高，但在自然土壤里也是存在的。这类微生物实际上是一种低等的腐生病原物，它们可在土壤里腐烂的植株残体上、在活的植株的根部、在老的饲料地，或在重施带有动物粪便的农家肥料的田地里长期存活。连续种植马铃薯作物的土壤一般都会加重疮痂病的发生。相反，当轮作时间延长时，疮痂病的发生会降低到相对稳定的水平。偏碱性的土壤种植马铃薯易发生疮痂病。

2.症状

块茎上的病斑通常为圆形，直径 5~8 毫米（很少超过 10 毫米），严重时整个块茎表面被病斑覆盖。被侵染的组织从淡棕褐色到褐色，病斑由表面的木栓层（锈

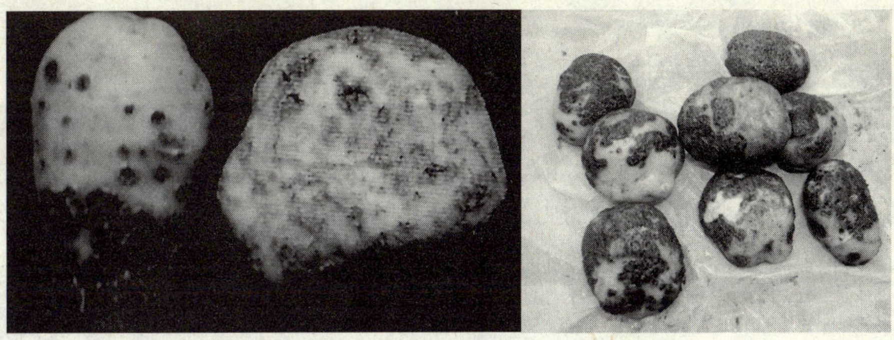

图 6-13　马铃薯疮痂病（图片来源：《马铃薯主要病虫害及线虫》等）

疤）组成。凸起的疮痂一般 1~2 毫米高，凹陷的疮痂则深度不一，最深到 7 毫米。凹陷的病斑为暗褐色或近黑色，病斑下的组织为稻草色和有点半透明状（图 6-13）。

3.防治措施

采用农业综合技术措施进行控防：

(1) 避免种植带有疮痂病的种薯。

(2) 选择近年未种块茎、根类作物的田块种植，增加马铃薯的轮作年限。

(3) 选用具有抗病性的品种。

(4) 块茎形成后期，保持较高的土壤湿度。

(5) 土壤处理，包括施用硫和酸性肥料以提高土壤的酸度，采用五氯硝基苯、甲醛尿素和其他的土壤杀菌剂。

(6) 代森锰锌（8%）粉剂作为种薯消毒剂，能有效地控制酸性疮痂病。

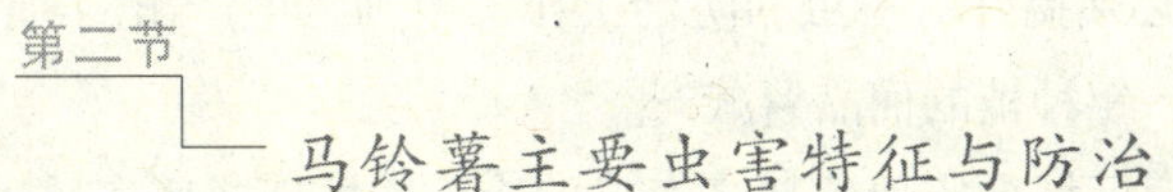

第二节　马铃薯主要虫害特征与防治

马铃薯从播种到收获的整个生长过程中，有许多害虫侵扰，使其地下部分和地上部分的组织受到损害，影响正常的生长，甚至死亡。特别是块茎部分生长于地下，是许多害虫喜爱的食物，经常被咬出孔洞，影响品质，降低使用价值。同时，这些害虫在咬食的同时，还传染了病害。为害马铃薯地上部分叶片的害虫主要有二十八星瓢虫、蚜虫、粉虱和螨等，为害地下部分的根和块茎等的害虫主要有块茎蛾、地老虎、蛴螬、蝼蛄、金针虫等。

一、蚜虫

(一) 为害与生活习性

蚜虫，也叫腻虫，直接为害马铃薯的蚜虫种类很多，为害最大的是桃蚜。蚜虫对马铃薯的为害有两种情况：第一种是直接损害。蚜虫群居在叶子背面和幼嫩的顶部取食，刺伤叶片吸取汁液，同时排泄出一种粘物，堵塞气孔，使叶片皱缩变形，幼嫩部分生长受到妨碍，直接影响产量；第二种是在取食过程中，把病毒传给健康植株（主要是桃蚜所为），不仅引起病毒病，造成退化现象，还使病毒在田间扩散，比第一种为害造成的损失更为严重（图 6–14）。

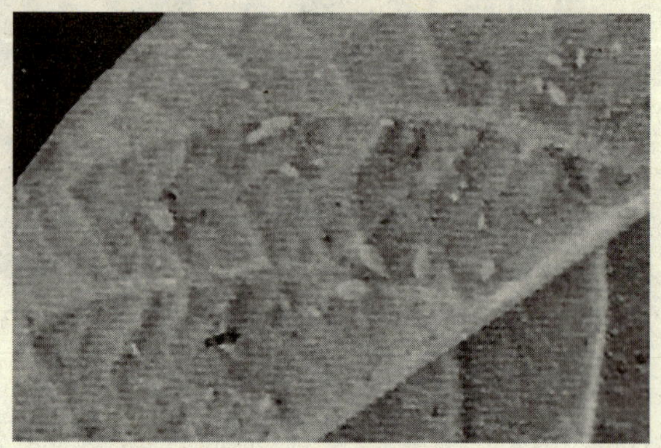

图 6–14　蚜虫（图片来源：《马铃薯主要病虫害及线虫》）

蚜虫行孤雌生殖，卵寄生在植物上过冬，翌年春季开始快速繁殖。蚜虫分为无翅蚜和有翅蚜，其中有翅蚜可随风飞出很远的距离。喜欢降落在黄色和绿色的物体上，特别是黄色物体可以吸引它降落。多风和风速大，能阻止它的起飞和降落。银灰色和乳白色对它有避忌作用。多雨大风的季节可以阻止蚜虫的迁飞和繁殖。温度高于 30℃或低于 6℃时，蚜虫数量减少。

(二) 防治方法

一般农民种植商品薯，对蚜虫防治都不太注意，认为蚜虫的为害并不太严重。可是种薯生产就必须搞好对蚜虫的防治工作，否则，生产出的种薯都会带有病毒，种性退化，使下一年种植的商品薯减产。

(1) 种薯繁育区域一定要选择高海拔的冷凉区域，或风多风大的地方做种薯生产田，使蚜虫不易降落，减少传毒机会。

(2) 种薯田要远离大面积生产田，相距 100~300 米以上的地方，以避免蚜虫短距离迁飞传毒。

(3) 躲过蚜虫迁飞高峰期：掌握蚜虫迁飞规律，躲过蚜虫迁飞高峰期。比如采取选用早播种或进行错后播种等方法，可以减轻蚜虫传毒。

(4) 药剂防治：采用药剂防治主要有两种方法：一是穴施有内吸作用的杀虫颗粒剂，如有效成分为 70%的灭蚜松，每亩用 200 克；有效成分为 3%的甲拌磷颗粒剂，每亩 1.3~4 千克。使用这两种药，在播种时撒于种薯周围；二是在生长期用药剂喷雾杀蚜。可选用有效成分为5%的来福灵、25%的敌杀死、2.5%的速灭杀丁、2.5%的功夫乳油等农药，进行田间喷雾。根据虫情，隔10天喷一次。

二、锈壁虱

（一）为害与生活习性

锈壁虱又名锈螨、锈蜘蛛。成螨和若螨群集于叶和嫩枝上，刺吸汁液。多在叶背出现许多赤褐色的小斑，逐渐扩展，进而发展至叶面。叶背呈烟垢色，叶片午后出现缺水状上卷，症状严重的叶片干枯，大量枯黄脱落，长势衰弱（图6–15）。

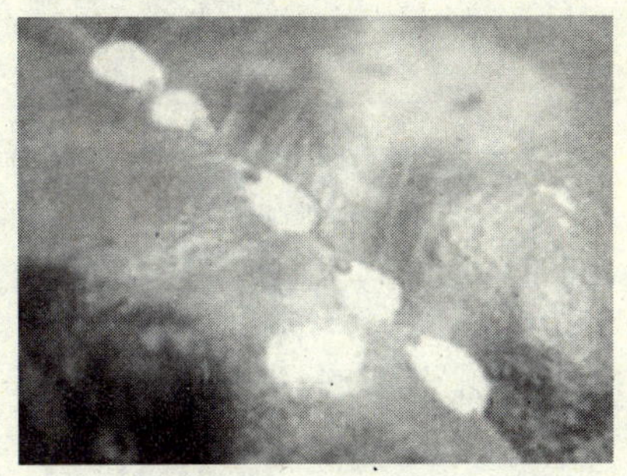

图6－15 锈壁虱

锈螨的越冬虫态和越冬场所因各地冬季的气温高低而有所不同。锈螨的发生代数随气候而异。年发生18~30代，世代重叠。春季发生轻，在7~9月较高温、湿度较大的条件下常猖獗成灾。锈螨个体小，可借风力、昆虫、雀鸟、器械、苗、果的运输传播蔓延。

（二）防治措施

锈螨的天敌有7种，其中多毛菌是有效天敌，应注意保护，慎重使用波尔多液等铜制剂防治病害，并随时注意锈螨的发展趋势，以便及时防治。

（1）用20%的三氯杀螨醇1 000倍液喷杀；用25%灭螨猛可湿性粉剂1 000倍液喷雾，防治效果都很好。5~10天喷药一次，连喷3次才能控制为害。喷药重点在植株幼嫩的叶背和茎的顶尖。

（2）许多杂草是锈螨的寄主，应及时清除田间及田边地头的杂草，消除寄主植物，杜绝虫源。

三、蝼蛄、蛴螬、地老虎

蝼蛄、蛴螬、地老虎是四川马铃薯生产上常见的几种地下害虫。

（一）为害与生活习性

1.蝼蛄

蝼蛄也叫拉拉蛄、土狗子。蝼蛄的成虫（翅已长全的）、若虫（翅未长全的）都对马铃薯形成为害（图6–16）。它用口器和大爪（前足）把马铃薯的地下茎或根撕成乱丝状，使地上部枯萎或死亡，有时也咬食芽块，使芽不能生长，造成缺苗。

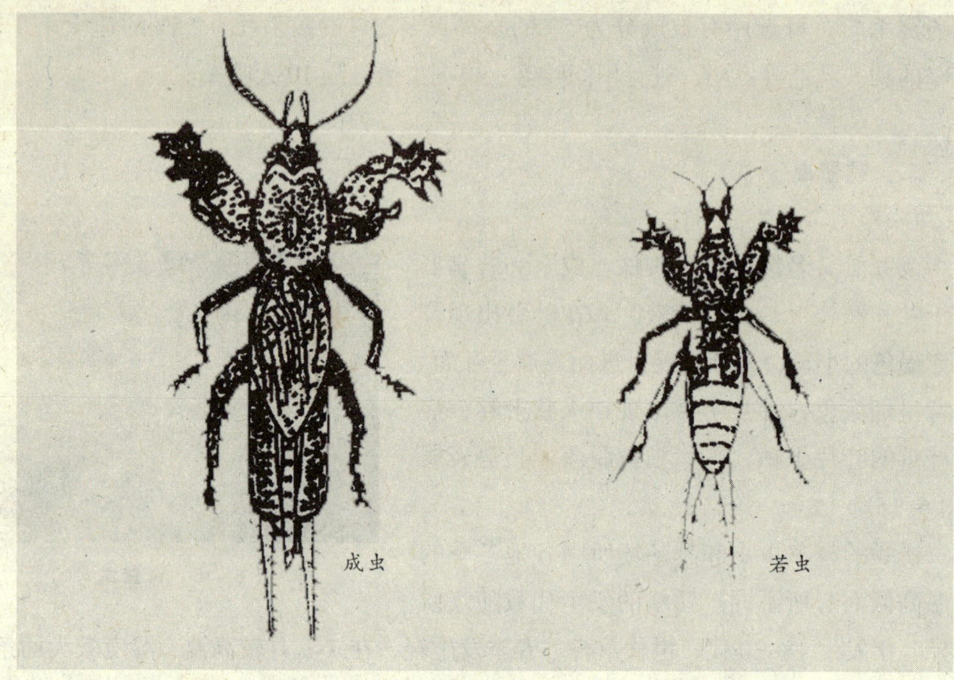

图 6-16　蝼蛄（图片来源：《马铃薯栽培技术》）

它在土中串掘隧道，使幼根与土壤分离，透风，造成失水，影响苗子生长，甚至死亡。它在秋季咬食块茎，使其形成孔洞，或使其易感染病菌造成腐烂。蝼蛄的成虫和若虫，都是在地下随土温的变化而上下活动的。越冬时下潜 1.2~1.6 米筑洞休眠；春天，地温上升，又上到 10 厘米深的耕作层为害；白天在地下，夜间到地面活动；夏季气温高时下到 20 厘米左右深的地方活动，秋天又上到耕作层为害。一般有机质较多的地里蝼蛄为害猖獗。

2.蛴螬

蛴螬是金龟子的幼虫，主要咬食地下嫩根、地下茎和块茎，进行钻蛀，断口整齐，使地上茎营养水分供应不上而枯死。块茎被钻蛀后，导致品质丧失或引起腐烂。成虫（金龟子）还会飞到植株上，咬食叶片。

图 6-17　蛴螬（图片来源：《马铃薯主要病虫害及线虫》）

蛴螬及其成虫都能越冬，在土中上下垂直活动。成虫在地下 40 厘米以下、幼虫在 90 厘米以下越冬，春季再上升到 10 厘米左右深的耕作层。它喜欢有机质，喜欢在骡马粪中生活。成虫夜间活动，白天潜藏于土中。幼虫体肥胖，乳白色，常蜷缩成马蹄形，并有假死性（图 6–17）。

3.地老虎

地老虎也叫土蚕，幼虫掠食作物幼苗。成虫是一种夜蛾，分小地老虎和黄地老虎等多种。地老虎主要为害马铃薯等作物的幼苗，在贴近地面的地方把幼苗咬断，使整棵苗子死掉，并常把咬断的苗拖进虫洞。幼虫低龄时，也咬食嫩叶，使叶片出现缺刻和孔洞。也会在地下咬食块茎，咬出的孔洞比蛴螬咬的小一些（图 6–18）。

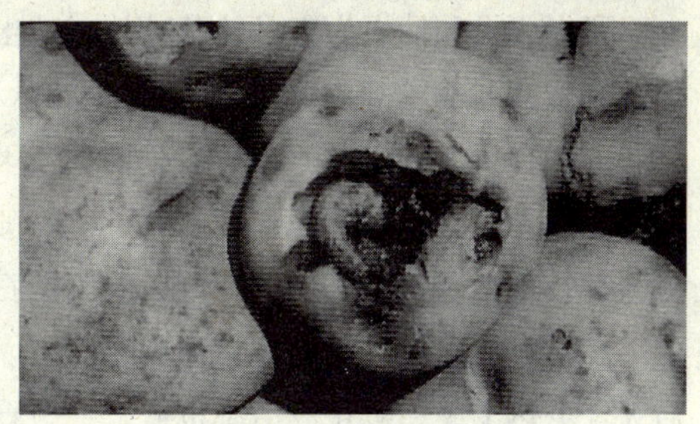

图 6–18　地老虎（图片来源：《马铃薯主要病虫害及线虫》）

地老虎的幼虫，是黄褐、暗褐或黑褐色的肉虫，一般长 3~5 厘米。小地老虎喜欢阴湿环境，田间覆盖度大、杂草多、土壤湿度大的地方虫量大；黄地老虎喜欢干旱环境，对湿度要求不高，夏天怕热。它们的成虫都有趋光性和趋糖蜜性。

（二）防治措施

上述三种地下害虫各不相同，但它们都在地下活动，所以防治方法大体一致。

（1）秋季深翻地深耙地　破坏它们的越冬环境，冻死准备越冬的大量幼虫、蛹和成虫，减少越冬数量，减轻下年为害。

（2）清洁田园　清除田间、田埂、地头、地边和水沟边等处的杂草和杂物，并带出地外处理，以减少幼虫和虫卵数量。

（3）诱杀成虫　利用糖蜜诱杀器和黑光灯、鲜马粪堆、草把等，分别对有趋光性、趋糖蜜性、趋马粪性的成虫进行诱杀，可以减少成虫产卵降低幼虫数量。

（4）药剂防治　使用毒土和颗粒剂：播种时亩用 1%敌百虫粉剂 3~4 千克，加细土 10 千克掺匀，或用 3%呋喃丹颗粒剂 1.5~2 千克等，顺垄撒于沟内，毒杀苗期为害的地下害虫。或在中耕时把上述农药撒于苗根部，毒杀害虫。

灌根：用 40%的辛硫磷、50%的甲胺磷 1 500~2 000 倍液，在苗期灌根，每株 50~100 毫升。

使用毒饵：小面积防治还可以用上述农药，掺在炒熟的麦麸、玉米或糠中，做成毒饵，在晚上撒于田间。

四、二十八星瓢虫

马铃薯瓢虫主要分布于四川较凉爽的山区，1 000 米海拔以上地区为害较多。

（一）为害与生活习性

瓢虫成虫和幼虫为害马铃薯叶片。幼虫在叶背食叶肉，仅残留一层表皮；老熟幼虫和成虫掠食全部叶片，仅剩下主叶脉，还取食花瓣和萼片，严重时只剩下茎秆。这种害虫大发生时，会导致全田薯苗干枯，远看田里一片红褐色。为害轻的可减产 10%左右，重的可减产 30%以上。一般在山区和半山区，特别是有石质山的地方为害较重，马铃薯瓢虫多在背风向阳的石缝中聚集越冬。如遇冬暖，成虫越冬成活率高，容易出现严重为害。冬天寒冷干燥，成虫越冬成活率则低；如果成虫产卵后天气炎热干燥，孵化成活率也低。一般夏秋之交，瓢虫为害严重。此时成虫、幼虫和卵同时出现，世代重叠，很难防治（图 6-19）。

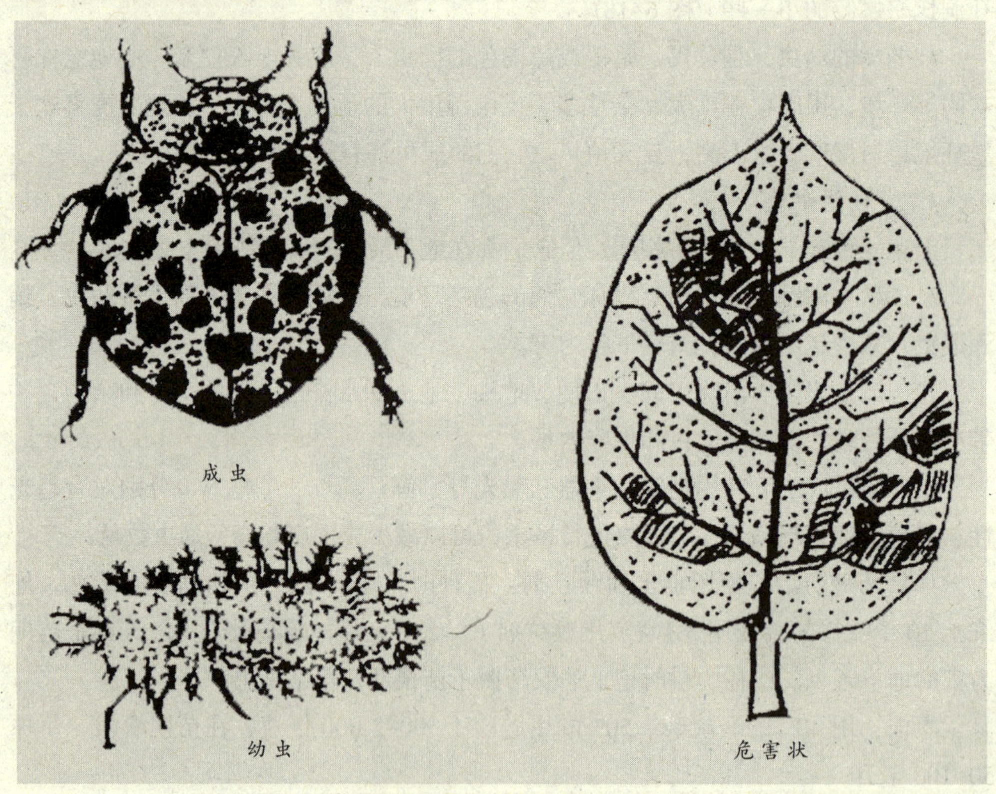

图 6-19　二十八星瓢虫（图片来源：《马铃薯高效栽培技术》）

（二）防治方法

（1）防治重点区域　有暖冬、石质山较多的深山区和半山区，距荒山坡较近的马铃薯田。

(2) 防治指标 调查100棵马铃薯，有30头成虫，或每100棵有卵100粒，就必须进行药剂防治。

(3) 防治时期 越冬成虫出现盛期和产卵初期，开始进行药剂防治，并要进行连续防治。

(4) 具体使用药剂和用量 要选择能杀死成虫、幼虫和卵的农药。可以使用有效成分为50%的甲胺磷、20%的氰胺磷乳油、40%的辛硫磷等有机磷制剂，或用2.5%敌杀死、5%来福灵、2.5%功夫等菊酯或拟菊酯类制剂，进行田间喷雾。如使用两次以上，最好以有机磷和菊酯类药剂交替使用，防止瓢虫产生抗药性。

(5) 消灭越冬成虫 调查成虫越冬场所，用火烧或药剂就地消灭。

五、块茎蛾

为害马铃薯的是块茎蛾的幼虫。长江以南的省份早有发现，尤以云南、贵州、四川等省种植马铃薯和烟草的地区，块茎蛾为害严重。

(一) 为害与生活习性

幼虫为潜叶虫，为害叶片，大多从叶脉附近蛀入，因虫体很小，进入叶中专食叶肉，仅留下叶片的上下表皮，食损的叶片呈半透明状，所以也称绣花虫、串皮虫。幼虫为害块茎时，从块茎芽眼附近钻入肉内，粪便排在洞外，在块茎贮藏期间为害最重，不注意检查看不到块茎受害症状，幼虫在进入块茎后蛀食成隧道，严重影响食用品质，甚至造成烂薯和产量损失。受害轻的减产10%~20%，重的可达70%左右。对多种茄科作物都能侵害（图6-20、图6-21）。

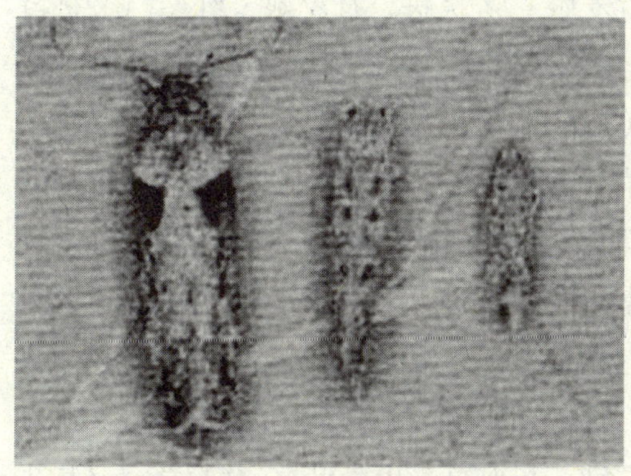

图6-20 块茎蛾（图片来源：《马铃薯主要病虫害及线虫》）

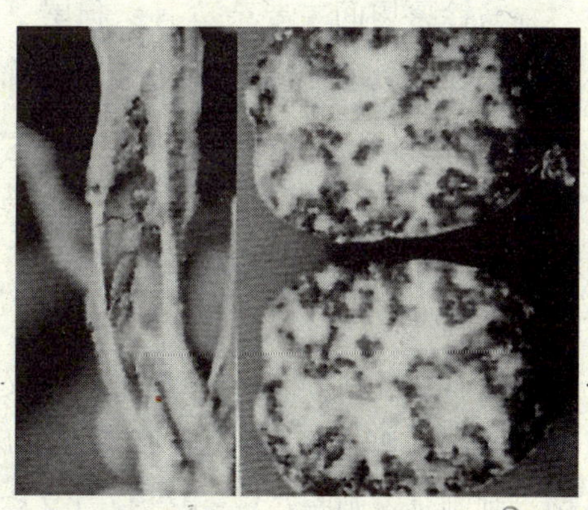

图6-21 块茎蛾的幼虫（图片来源：《马铃薯主要病虫害及线虫》）

成虫白天隐蔽在草丛或植株下面，晚上出来活动，并在植株茎上、叶背和块茎上产卵。为害植株时，幼虫可吐丝下坠，借风转移到邻近植株上。幼虫吐丝作茧化蛹，7~8 天后变成蛾子，夏季约 30 天、冬季约 50 天一代，每年可繁殖 5~6 代。

(二) 防治措施

(1) 块茎在收获后马上运回，不在田间过夜，防止成虫在块茎上产卵。

(2) 集中焚烧田间植株和地边杂草以及种植的烟草茎秆。

(3) 清理贮藏窖、库，并用敌敌畏等熏蒸灭虫。每立方米贮藏库的容积，可用 1 毫升敌敌畏熏蒸。

(4) 禁止从病区调运种薯，防止扩大传播。

(5) 药剂防治。用二硫化碳按 27 克/立方米库容密闭熏蒸马铃薯贮藏库 4 小时，或用（苏云金杆菌天门变种）（721b）粉剂 1 千克拌种 1 000 千克块茎，处理 1~2 个月。拌种前需把块茎上泥土去掉，否则影响药效。

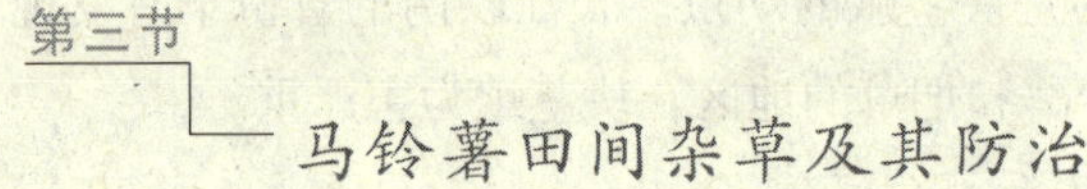

第三节 马铃薯田间杂草及其防治

杂草是指人们有意识的栽培作物以外的植物，生长在农作物田间的杂草称为农田杂草。

一、主要杂草及其为害

(一) 主要杂草

马铃薯田间主要杂草有：狗尾草、看麦娘、猪殃殃、看麦娘、红蓼（又称荭草、水红子、东方蓼）、粘毛蓼（又称香马蓼、香蓼）、柳叶刺蓼（又称本氏蓼、刺蓼）、藜（又称灰条菜、灰菜）、灰绿藜（又称翻白藜、小灰菜）、反枝苋（又称苋菜、野苋菜）、马齿苋（又称马菜、马子菜、马马菜、马齿菜等）、繁缕（又称鹅肠草、乱眼子草）、草木樨（又称香马科、野草木樨、山黄蓍）、太阳花（又称老鹳嘴、老鸦嘴）、菟丝子（又称金丝藤、豆寄生、无根草、中国菟丝子）、鹤虱（又称赖毛子、粘巴粘）、益母草、酸浆（又称灯笼草、红姑娘、锦灯笼等）、曼陀罗（又称醉心花、野麻子等）、苍耳（又称风麻子、老苍子、苍子等）、刺儿菜（又称小蓟、刺刺菜、刺蒡花）、鬼针草（又称婆婆针、止血草、鬼骨针）、蟋蟀草（又称牛筋草）、野燕麦（又称燕麦草）、马唐（又称鸡爪草、叉子草等）、无芒稗（又称落地稗）、香附子（又称莎草、猪毛草、三棱草、回头青等）。

(二) 为害

农田杂草对马铃薯的为害主要表现在以下几个方面：

(1) 与马铃薯争夺养分和空间　杂草具野生性，抗劣能力强，根系发达，吸水能力强，能从土壤中吸取大量的营养和水分，影响作物的生长发育，导致作物植株矮小、叶片变淡；杂草生长快，占据农田空间，导致作物通风透光条件不良，光合作用受到抑制。

(2) 利于病、虫害的发生和传播　许多杂草是作物病菌、病毒和害虫的中间寄主，能传播作物病虫害。冬季田间杂草又是害虫的藏匿场所。

二、防治措施

有效地防除田间杂草需要制定一项综合措施，即机械除草、化学农药除草、人工除草和合理的栽培措施相配合，将田间杂草为害降低到最低。单一使用其中任何一种均不能达到理想的效果。

(一) 农业防除措施

(1) 轮作　通过轮作降低伴生性杂草的密度，改变田间优势杂草群落，降低田间杂草种群数量。

(2) 机械除草　主要利用翻、挖、耙等整地方式，消灭耕层杂草。

耕翻：土壤通过多次耕翻后，多年生杂草被翻埋在地下，使杂草逐渐减少或长势衰退，从而使其生长受到抑制，达到除草目的。

苗前铲地：可以将表层已萌发的杂草嫩芽根系切断，使嫩芽暴露于地面晒死，此法除草效果好，并可提高地温，有利于出苗。

中耕培土：这项措施不仅除草，还有深层松土、贮水保墒等作用。对马铃薯田间中耕除草一般在苗高 10 厘米左右进行第一次，第二次在封垄前完成，能有效地防除小蓟、牛繁缕、稗草、反枝苋等杂草。

(3) 人工除草　适于小面积或大草的拔除。

(4) 物理方法除草　如利用有色地膜如黑色膜、绿色膜等覆盖具有一定的抑草作用。

(二) 化学药剂除草

四川幅员辽阔，生态类型多，马铃薯因种植制度的不同，播种期不一致，田间杂草发生规律也不同。盆周山区是草害发生较重的区域之一，春季马铃薯播种后，随着气温升高，湿度大，马铃薯出苗后其杂草生长高峰也开始了，此期出草量占杂草总量的 60%左右，杂草与马铃薯竞争激烈，严重影响马铃薯植株的生长发育。

药剂防除杂草应在整地后或播种后出苗前半月左右进行，出苗后因马铃薯叶片对除草剂敏感，所以用药要慎重。一般稻田免耕稻草覆盖播前使用药剂防除杂草效果好。

三、常用田间除草剂

随着科技的不断发展，现常用除草剂品种很多，可根据马铃薯与不同作物的间套和不同栽培模式选择使用。

（一）广谱灭生性除草剂

1. 草甘膦

草甘膦为内吸传导型慢性广谱灭生性除草剂，通过茎叶吸收后传导到植物各部位，可防除单子叶和双子叶、一年生和多年生、草本和灌木等40多科的植物。对稗、狗尾草、看麦娘、牛筋草、马唐、苍耳、藜、繁缕、猪殃殃等一年生杂草，每亩用10%草甘膦水剂400~700克；对车前草、小飞蓬、鸭跖草、双穗雀稗草，每亩用10%水剂750~1 000克；对白茅、芦苇、香附子、水蓼、狗牙根、蛇莓、刺儿菜等，每亩用10%水剂1 200~2 000克。一般阔叶杂草在萌芽早期或开花期，禾本科在拔节晚期或抽穗早期每亩用药量兑水20~30千克喷雾。防除多年生杂草时一次药量分2次，间隔5天施用能提高防效。

2. 百草枯

百草枯又名克芜踪，为速效触杀型灭生性季胺盐类除草剂，是一种快速灭生性除草剂，具有触杀作用和一定内吸作用。能迅速被植物绿色组织吸收，使其枯死，叶片着药后2~3小时即开始受害变色。对单子叶和双子叶植物绿色组织均有很强的破坏作用，但无传导作用，只能使着药部位受害，接触土壤后很容易被钝化。不能破坏植株的根部和土壤内潜藏的种子，因而施药后杂草有再生现象。对非绿色组织没有作用。杂草出齐，处于生长旺盛期，每亩用20%水剂100~200毫升，兑水25千克，均匀喷雾杂草茎叶，当杂草长到30厘米以上时，用药量要加倍。作物田使用可播前处理或播后苗前处理，也可在作物生长中后期，采用保护性定向喷雾防除行间杂草。播前或播后苗前处理，每亩用20%水剂75~200毫升，兑水25千克喷雾防除已出土的杂草；作物生长期，每亩用20%水剂100~200毫升，兑水25千克，作行间保护性定向喷雾。

（二）以禾本科杂草为主的除草剂

1. 高效盖草能

高效盖草能为选择性内吸传导型茎叶处理剂，在生长旺盛期，每亩用10.8%高效盖草能乳油40~50毫升兑水40~60千克均匀喷雾杂草茎叶，可有效防除稗草、千金子、马唐、狗尾草、看麦娘、硬草、棒头草、狗牙根等禾本科杂草，但对阔叶杂草和莎草科杂草无效。

2. 禾草克

禾草克为选择性内吸传导型茎叶处理剂，于一年生禾本科杂草2~5叶期使用，每亩用10%禾草克乳油60~80毫升，兑水40~50千克均匀喷雾杂草茎叶。以多年生禾本科杂草为主的地块，在生长旺盛期，每亩可用10%禾草克乳油150~250毫升，兑水40~60千克均匀喷雾杂草茎叶，能防除稗草、千金子、马唐、狗尾草、牛筋草、看麦娘、硬草、早熟禾、棒头草、狗牙根等。

（三）以阔叶杂草为主的马铃薯田间除草剂

赛克津

赛克津为选择性内吸传导型土壤处理剂。播后苗前用药，每亩用70%赛克津可湿性粉剂25~65克兑水40~50千克均匀喷雾土表，能防除多种阔叶杂草和某些禾本科杂草，如藜、蓼、马齿苋、苦荬菜、繁缕、苍耳、稗草、狗尾草等。使用时应注意施药后遇有较大降雨或大水漫灌时，易产生药害。

（四）禾本科和阔叶杂草混生态马铃薯田间除草剂

1. 绿麦隆

绿麦隆为选择性内吸传导型土壤处理剂，在播后苗前及杂草芽前或萌芽出土早期用药，每亩用25%绿麦隆可湿性粉剂250~300克，兑水40~50千克均匀喷雾于土表，能有效地防除看麦娘、繁缕、早熟禾、狗尾草、马唐、稗草、苋、藜、卷耳、婆婆纳等多种禾本科及阔叶杂草，但对猪殃殃、大巢菜、苦荬菜、田旋花效果差。使用时注意：①土壤湿润，有利于药效发挥。②在土壤中残留时间长，分解慢，后茬不宜种植敏感作物，以免引起药害。③绿麦隆水溶性差，使用时应先将可湿性粉剂加少量水搅拌，然后加水进行稀释。

2. 果尔

果尔为选择性触杀型土壤处理兼有苗后茎叶处理作用的除草剂，播后苗前用药。每亩用24%果尔乳油40~50毫升，兑水60千克均匀喷雾土表，可防除稗草、千金子、牛筋草、狗尾草、硬草、看麦娘、棒头草、早熟禾、马齿苋、铁苋菜、苋、藜、婆婆纳、鳢肠、蓼等多种一年生杂草，但对多年生杂草效果差。使用时注意：①初次使用时，应根据不同气候带，进行小规模试验，找出适合当地使用的最佳施药方法和最适剂量后，再大面积使用。②果尔为触杀型除草剂，喷药要均匀周到，喷药后不要破坏药膜层，施药剂量要准。

第七章

马铃薯贮藏

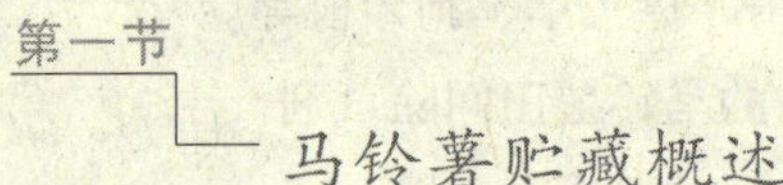

第一节 马铃薯贮藏概述

马铃薯贮藏与禾谷类作物贮藏相比具有较大的特殊性，马铃薯块茎在贮藏过程中极易遭受病菌的侵染而腐烂，对温度等环境条件的要求比禾谷类作物要严格得多，安全贮藏环节也更加复杂。马铃薯块茎的贮藏，必须尽可能减少有机物消耗和淀粉转化，保持薯块的新鲜、健康，防止各种真、细菌病害的发生发展，避免腐烂损失。由于马铃薯既不耐寒，又怕高温，块茎在贮藏期间对温度、湿度和空气的要求十分严格，如果贮藏不当，容易受冻或发芽，影响食用品质和种用价值。良好的贮藏环境已成为马铃薯生产过程中的一个重要环节，因此对其迅速进行科学贮藏显得非常重要。

一、马铃薯贮藏的重要地位

马铃薯具有高产、早熟、用途多、适用性强、分布广的特点，发展马铃薯生产，对于改善和提高人民的生活水平，促进轻工业、食品工业发展及粮食增产，都具有重要的意义。

马铃薯贮藏是马铃薯生产过程中的一个重要部分。如何把种用、食用和加工用鲜薯进行科学贮藏，是延长马铃薯产业链条的关键环节。通过科学贮藏，既可调节市场供求，又可增值20 %~30 %。生产、贮藏、需求三位一体影响着马铃薯市场。马铃薯的生产决定可提供给消费者的马铃薯量，消费需求控制着作为食用、种用或加工马铃薯的流通方向，而马铃薯通过一段时间的贮藏可使它作为消费的后备储蓄以防止供应的大波动。收获季节，贮藏库可吸纳过剩的马铃薯以便在种植或生长季节、马铃薯需求量增大时投入市场以满足需求（图 7-1）。过多的马铃薯投入市场

装袋

运输

入库

图 7-1 马铃薯贮藏

将导致供过于求、价格降低，导致经济损失。当贮藏实现计划性和可控性时，就可以使马铃薯的供应在所有时间都保持供需平衡。马铃薯贮藏能通过降低过量供应的高峰和短缺的低谷来帮助调节和缓和马铃薯的市场供应，减少过度的价格波动。

另外，马铃薯的安全贮藏与环境温度、湿度、通风及光照等条件有密切关系，如果这些条件不能满足，不仅会造成腐烂与损耗率的增加，还会引起马铃薯的生理状态与化学成分的不良变化。所以，掌握马铃薯块茎在贮藏过程中与环境条件的关系和要求，并在贮藏期间采取科学的管理方法，减少贮藏期间的损耗和实现安全贮藏，对于马铃薯的整个产业化发展具有重要的指导意义。

二、马铃薯贮藏的现状

四川是马铃薯适生区，因常年年均气温、空气湿度较大，雨量充沛，地下水位普遍较高，并且贮藏时间相对较短（多数地区四季均可种植），所以四川马铃薯的贮藏方式基本为传统的简易堆放贮藏，贮藏设施多为没有温湿度控制的土窖和简易仓库，且缺乏专用的运输设备。因贮藏粗放，管理措施跟不上，虽然借助了当地的自然条件，能够以最低的能耗让马铃薯安全贮藏一段时间，满足生产和消费的基本需要，但贮藏过程及环境条件对贮藏效果影响很大。

由于马铃薯产业化的推动，极大地促进了四川马铃薯加工企业的发展和应用技术的研究，但与此同时，贮藏技术及其相关研究严重滞后，尤其是适合四川条件的马铃薯贮藏技术的研究基本上还是空白，存在着许多问题，这些问题主要集中在以下几点：

（一）不分用途混合贮藏

一些农户家中只有一个窖，食用薯、种薯和加工薯混合贮藏在一个窖内，不仅造成品种的退化、病菌的传播，影响种薯的种性，同时对食用薯的品质及加工薯的加工价值造成不利影响。

（二）入窖质量不能保证

入窖质量是指要求入窖薯块完整，薯皮干燥、无病斑、无腐烂、无冻害、无伤口、无泥土及其他杂质。有的农户收获入窖时，不经晾晒、挑选，将带泥薯块、病残薯混在一起入窖，或从窖口向窖内倾倒薯块，造成人为损伤薯块。

（三）贮藏期间管理不当

有些农户沿袭“自然管理”的陋习，把窖口封得很严，一直到春季出窖时再打开窖口，中间不检查、不通风换气，于是常出现烂窖、伤热、发芽、黑心等现象，造成重大的经济损失。还有的农户由于怕冻坏薯块，尤其注重保温，贮藏期间不通气，薯块呼吸产生大量二氧化碳，使薯块正常呼吸受阻，芽子窒息，影响出苗。

（四）薯窖建造不科学

一是选址不当，有的地下水位高，窖内湿度大，甚至出水。有的位置背阴，冲风口。二是窖顶覆土薄、窖浅，造成冻害。三是通气孔、通风道设置不合理或根本不设，使窖内温湿度和气体交换受阻。

三、马铃薯贮藏的发展战略

科学贮藏是解决马铃薯贮藏问题的唯一方法。科学贮藏首先就需要改正目前贮藏中存在的问题，认真搞好入窖前薯块处理，做到“一干六无”，即：薯皮干燥、无病块、无烂薯、无伤口、无破皮、无冻块、无泥土及其他杂质。注意分品种、分级别、分用途单窖（室）贮藏。一般每户要建两个以上贮藏窖或一窖多室，保证贮藏薯的种性和商品性。加强贮藏期的管理，创造最佳的贮藏环境和条件。另外，要科学研究与应用相结合，改进贮藏窖建造结构，增加调控能力（主要是增加自然通风换气设施，利用强制通风换气设备），依据经济实力，可建造有风机、主风道、分风道的水泥、砖石结构的大中型现代化贮藏库（图 7–2）。

图 7–2　甘肃渭源县马铃薯种薯贮藏库

目前，马铃薯贮藏在整个马铃薯产业发展体系中起着举足轻重的作用，在国内外也逐步受到重视，由于其发展较晚，理论研究与应用还不够完善，有待进一步深入的探索与发现。但在前期的相关理论基础上，系统的贮藏体系将应运而生，并很大程度上促进四川马铃薯产业的发展、壮大。

第二节 马铃薯贮藏生理

科学贮藏马铃薯，不仅要结合实践经验，还需要对其原理进行研究，以便不断改进贮藏技术。因而，了解马铃薯贮藏生理，对于辨别贮藏方法的适当与否、提高贮藏效果是十分重要的。

马铃薯块茎既是贮藏器官，又是繁殖器官。作为贮藏器官，它贮藏着丰富的营养物质，这些营养物质在贮藏过程中，受环境条件的综合影响，会发生一系列的生物化学变化，直接影响块茎营养成分的变化以及所带来的经济利用价值和经济效益的变化。块茎作为繁殖器官繁衍后代，经历着一系列的生长发育过程以及与生长发育相联系的衰老过程，这一切都会反映到生理过程和组织活性的变化上。掌握块茎贮藏期间生理变化规律，是马铃薯块茎科学贮藏管理的理论依据。

一、马铃薯贮藏期的三个生理阶段

根据块茎在贮藏期间的生理变化特点，可将马铃薯贮藏期分为生理后熟期、休眠期和萌发期三个生理阶段。

（一）生理后熟期

收获后的马铃薯块茎还未充分成熟，生理年龄不完全相同，大约需要半个月到一个月的时间才能达到成熟，称为后熟期。这一阶段表皮尚未木栓化，含水量高，湿度大，块茎内的含水量在这一期间迅速下降（大约下降5%）；表皮黏附了泥土，外界温度高，块茎的呼吸强度由强逐渐变弱，释放大量的热量，而且由于收获和分级等措施的作用而受损伤的伤口尚未愈合，在适宜的温湿度下，极易被病菌感染，所以该期块茎呼吸消耗多，重量急剧下降，如果通风不良，窖温过高，可能造成块茎大量腐烂和发生黑心现象。因此，刚收获的马铃薯要在背阴通风处摊开晾晒15天左右，使运输时破皮、挤伤、表皮擦伤的块茎伤口愈合，形成木栓层和伤口周皮度过后熟阶段，然后再装袋入库或窖。

（二）生理休眠期

经过后熟阶段后，表皮得到充分的木栓化，伤口得以愈合，加上外界温度降低，块茎表面变干，块茎呼吸强度及其他一切生理变化活性下降并逐渐趋至最低点，这一阶段块茎物质损耗最少。块茎芽眼中幼芽处于稳定的不萌发状态，经过一段时间的生理休眠以后，各项生理生化活性逐渐苏醒，活性渐强，呼吸增强，这时的块茎已具备了发芽的可能性，此时如果外界环境条件不适于发芽，则仍处于休眠状态，这时的休眠即处于被迫休眠，因此这一阶段完全可以按照贮藏需要来调控休眠期的长短。

（三）生理萌发期

马铃薯通过休眠期后，在适宜的温湿度下，幼芽开始萌动生长，块茎重量明显减轻。这是马铃薯发育的持续和生长的开始，块茎各项生理生化活动进入了一个新的活化阶段。作为食用和加工的块茎要采取措施防止发芽，如使用喷抑芽剂等。

二、马铃薯贮藏期间块茎组分的变化

收获后的块茎生命活动仍在继续。贮藏环境影响着块茎的生命活动，影响着块茎内各组分的变化，这些变化直接影响到块茎的营养成分和含量的变化，从而影响到块茎的食用品质、工业加工工艺程序、成品品质和经济效益，同时也影响到块茎作种用的价值。了解块茎组分在贮藏期间的变化规律，可以为调控组分变化提供依据。

（一）碳水化合物

刚收获块茎的干物质中95%是碳水化合物，而碳水化合物中95%以上的是淀粉，除此还有蔗糖、葡萄糖、果糖等，在整个贮藏过程，这几类物质均在转化分解。马铃薯在贮藏期间，块茎糖分的变化是普遍引为重视的问题，因为糖分的增加，特别是还原糖的增加，使块茎变甜，而且使块茎容易发生褐变而降低品质。

刚收获的块茎糖的含量很低，但淀粉-蔗糖-还原糖-淀粉不断发生着相互转化的可逆反应，随着贮藏期的延长块茎中淀粉含量不断减少，可溶性糖含量不断增加而使块茎变甜。块茎中淀粉转化成可溶性糖的速度与温度有密切关系，当贮藏温度在0℃~10℃时，淀粉含量随温度降低而迅速转化为可溶性糖；当贮藏温度在10℃以上时，淀粉含量变化很小，基本保持稳定。块茎中的淀粉和可溶性糖可以相互转化，如将低温贮藏的块茎放于室温（20℃左右）条件下，一定时间后，块茎中的可溶性糖又可转化为淀粉。因此，加工商品薯经低温贮藏后，加工前应进行一定时间回暖处理，以使糖分减少而淀粉增加。

（二）蛋白质

整个贮藏期间，蛋白质随着贮藏期的延长而减少，但收获后至休眠期间变化很小，随着贮藏时间的延长，到发芽时蛋白质显著减少。

（三）维生素C

块茎内维生素C的损失主要在贮藏期。刚收获的块茎和贮藏的前几个月中，维生素C的含量在品种之间差异很大，但随着贮藏时间的延长，维生素C的含量呈直线的有规律的下降，品种间的差别逐渐消失，以贮藏初期下降最快，以后逐渐趋缓慢。

（四）茄素（龙葵素或茄碱）

马铃薯块茎在贮藏期间，茄素（龙葵素或茄碱）的含量常因贮藏条件等诸多因素的影响而增加，尤其块茎出芽时其含量增高明显，块茎见光，表皮变绿，也会使茄素的含量增加（图7-3）。

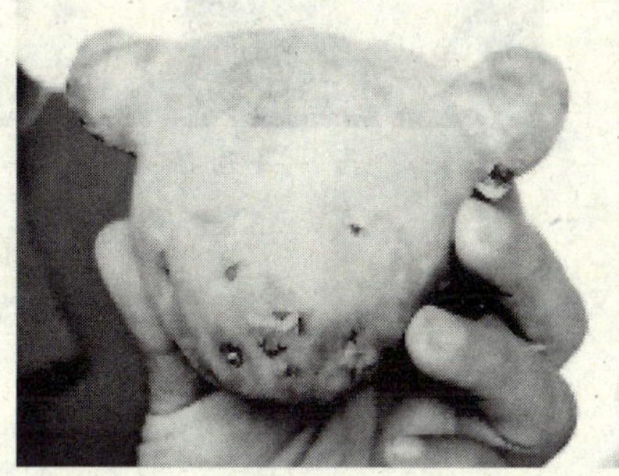

图7-3 马铃薯变绿

三、马铃薯种薯贮藏质变规律

（一）营养损耗

贮藏温湿度过高可促使马铃薯提早发芽，大量消耗马铃薯有机物，发芽后淀粉消耗12.5%左右，维生素、抗坏血酸等营养物质也随着减少，对人体有害的茄素增加，进而马铃薯的生命活力降低。

（二）霉变腐烂

贮藏过程中，温湿度过高可促进马铃薯呼吸，放出大量水分、热量和二氧化碳，造成马铃薯霉变。初期现象是在马铃薯表面有微小水滴或薄薄一层水膜，进而组织发软，而后发展成马铃薯中心变黑，发生霉烂（图7-4），既不能种用也不能食用。

图7-4 霉变腐烂

(三) 贮藏病害发展

贮藏过程中，温湿度过高，马铃薯呼吸强度大，皮孔开放，镰刀菌、湿腐或干腐病菌迅速发展，腐烂消耗激增（图 7–5）。

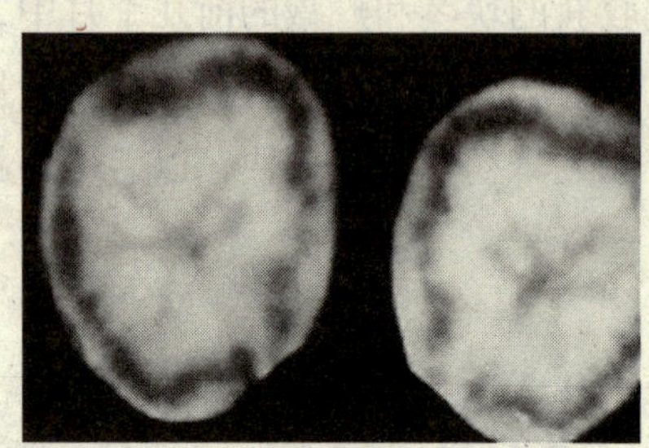

马铃薯疮痂病

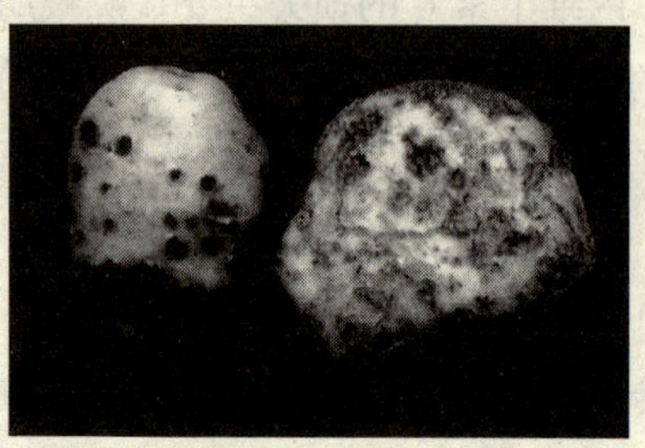

马铃薯环腐病

图 7–5　马铃薯贮藏期病害

第三节　马铃薯贮藏方式

目前，马铃薯的贮藏方式多种多样，总的来说，可以分为两类，一类是在自然或半自然条件下的贮藏窖或贮藏房、库中贮藏，另一类是冷藏。

一、贮藏窖（房、库）贮藏

建造马铃薯贮藏窖前，以下几个方面是需要首先考虑的：

(1) 马铃薯的数量和贮藏时间；

(2) 马铃薯的种类和质量分级；

(3) 马铃薯的生理及休眠特性；

(4) 马铃薯贮藏地区的气候状况。

马铃薯的数量和种类以及质量的分级情况决定贮藏窖的大小和数量，通常情况下不同种类、不同质量的马铃薯要分开贮藏。马铃薯的贮藏时间、生理及休眠特性也是十分重要的，贮藏时间较短且休眠时间长的马铃薯可采用较简易的贮藏窖，而贮藏时间长和休眠时间短的马铃薯则需要更为严格的通风、甚至冷藏措施，有时也可使用萌芽抑制剂。根据这些条件综合考虑需要采用怎样的通风措施以及是否需要增设冷藏设施，再建造合适的贮藏窖（房、库）。

(一) 选择适宜的窖址和窖型

选择窖址和窖型，当地的气候状况需要首先考虑。窖址选地势高、地下水位低、排水良好、土质坚实、向阳背风和保暖的地方。并应在收获前一个月修好，以充分干燥。无论新窖与旧窖，都要用石灰水喷洒消毒，窖底铺一层垫料（一般用禾秸）。窖型的选择应根据气候、土质、地势等条件，因地制宜。

（二）贮藏窖的建造和改进

贮藏窖（房、库）的大小主要根据贮藏马铃薯的数量和种类等确定。我国目前大多采用砖块等较常见的建筑材料建造。一些先进国家的马铃薯窖（房、库）都是采用现代化保温材料建造的，容量大，机械化程度高，可自动测试和调节窖内、堆内的温度和湿度，能满足不同用途块茎的贮藏要求，贮藏效果十分理想。从我国的国情看，虽然目前还不能达到那样的水平，但在改进贮藏窖建造结构和设施，改善贮藏环境，还是可以办到的。

马铃薯窖建造结构的改进，主要是增加自然通风换气设施，逐步利用强制通风换气设备。具体改进做法如下：

第一，对普通窖，在窖底和窖壁挖一条宽 20 厘米、深 20 厘米的小通风槽，用秸秆或枝柴盖上，然后再放薯块。这样可以增加自然通风的效果。

第二，根据窖内温、湿度情况，用移动式中小型风机，不定期进行窖内强制通风，调节窖内的温度和湿度。

第三，依据经济力量，可以建造有风机、主风道、分风道的水泥与砖石结构的、永久性贮量千吨以上的大型薯窖，再配备上垛机、输送机等，逐步建成现代化贮藏窖。

（三）马铃薯入窖（房、库）贮藏

马铃薯产区修建一个马铃薯窖，可用许多年。烂薯、病菌常会残存在窖内，新的薯块入窖初期往往温度较高，湿度又大，堆放过程中一旦把病菌带到薯块上就会发病、腐烂，甚至造成“烂窖”。所以，新薯入窖前应把老窖打扫干净，并用来苏尔喷一遍消毒灭菌，而后贮藏新薯。另外，马铃薯在入窖前要严格把关，挑出带病、受冻、虫蚀、畸形及受损的薯块，去掉泥土，并要进行露天晾晒，便于贮藏。但晾晒时堆积不宜过高，夜晚要覆盖，严防雨雪淋湿或霜冻。

马铃薯入窖可采用堆藏、袋装和箱装几种方式。采用堆藏的方式贮藏马铃薯，应注意窖内堆放薯块的高度。不耐藏的、易发芽的品种堆高为 0.5~1 米；耐贮藏、休眠期中等的品种堆高 1.5~2 米；耐贮藏、休眠期长的品种堆高 2~3 米。但最高不宜超过 3 米。一般情况，种薯较多的采用袋装方式贮藏（图 7–6），此时应注意网袋的选择。带有较多网孔、通气性能好的轻质贮藏袋比无网孔的编织袋更适用，袋装马铃薯的堆放方式采用垛状，并在中间留出通风过道，不宜采用散堆方式贮藏。箱装即马铃薯以装箱的方式贮藏，是最实用的贮藏方式，较多的用于食用薯和加工薯的贮藏（图 7–7）。

图 7–6　马铃薯袋装贮藏

图 7–7　马铃薯箱装贮藏

（四）入窖后管理

入窖后的管理工作主要集中在控制贮藏窖的温湿度和马铃薯堆的温湿度。根据马铃薯贮藏期间生理变化和气候变化，应两头防热、中间防寒。通过合理通风和密闭，控制贮藏窖的温湿度。具体做法：初入窖时打开窖门和气孔通风；随着气温下降和呼吸减弱，应减少通风。当气温降到–5℃左右时，应关闭窖门，只留气孔通风；当气温降到–10℃左右时，应停止通风，必要时加厚土层。天气转暖后，不可随便打开窖门或气孔，以防热气侵入，只可少量通风换气。总之，应通过通风等措施使窖温保持在适宜的温湿度（参见本章第四节）。种薯贮藏在播种前可适当通风露光，提高温度，促进皮层产生叶绿素，芽眼部分积累茄碱，有利嫩芽生长，幼苗健壮。

贮藏窖温湿度与马铃薯堆温湿度相互作用和影响。首先要按不同品种分别贮藏，以防休眠期长短、耐贮性强弱不一致造成互相影响；其次是马铃薯堆高度应因品种而异。一般早熟种为 1.1~1.25 米，中晚熟种为 1.3~1.5 米。马铃薯堆以占窖容积的 1/2 为宜，以保持马铃薯堆内空气流通；第三是挖通气沟。在堆底地面上，挖成“十”字形或“丰”字形沟，其深宽均为 20 厘米，沟长与窖壁相接，在沟上铺秸秆或树条，以不漏马铃薯为宜。在堆内插入秸秆绑的通气把，直径为 20 厘米左右。底部与通气沟相接，上面高出薯堆 30 厘米左右，也可用木板条做成三角形通气塔代替；第四是在薯堆表面加覆盖物，如稻草、麦秸等，这样既能保温又能吸湿，但吸湿后应及时更换；第五应常检查，发现有不宜情况及时解决。

二、冷藏

低温贮藏是保存马铃薯原料的一种较为经济有效的措施，能明显抑制发芽、延长贮藏期和减少腐烂。但低温同时又会导致马铃薯块茎还原性糖积累，产生“低温糖化”现象。马铃薯块茎在低温下贮藏时还原糖会增加，必须在加工前将低温贮藏的块茎放在 10℃以上再贮藏一段时间，即进行“回暖”，让马铃薯块茎内的部分还原糖逆转为淀粉或通过呼吸代谢消耗掉。

大规模或长时间贮藏马铃薯，可选择增设冷藏设施来保证马铃薯的质量。一般的冷藏设施（人工制冷系统）由四个循环运作的部分组成：空气压缩机、冷凝器、膨胀阀、蒸发器。空气压缩机把空气压缩后送到冷凝器并让空气在冷凝器中液化，液化后的空气经过一个低压的调整器，制冷剂在减压下沸腾，将蒸发器周围材料上的热量吸收。最后水蒸气回到空气压缩机再一次进行利用。

如果在贮藏期间需要一直用冷藏设施来控制温度，可适当结合通风设施进行操作（图 7–8），在贮藏期间优先使用风扇进行自动控制降温，这种冷藏只有在周围环境条件不利的情况下需要制冷的时候才具有可操作性。这样大大降低了成本。但缺点是会有更高的质量损失。

图 7–8　通风冷藏

以上冷藏设施成本较高，较多的被大规模的专业贮藏机构或研究机构所采用。

第四节 马铃薯贮藏技术

按照用途马铃薯贮藏可分为种薯贮藏、加工专用薯贮藏和鲜食用薯贮藏。用途不同，对贮藏的要求不同。作为直接食用薯的贮藏，要求贮藏期间营养物质的损耗减少到最低限度，防止有害物质的产生或增加，避免食味变劣，减少水分的损失，使块茎保持新鲜状态；作为工业加工用的块茎，要尽可能地防止或者减轻块茎的糖化变甜。特别是还原糖含量要尽量减少，以防薯肉变黑的可能；作为种用块茎，最主要的保持块茎的健康，生命力强和不失品种优良性状。以下将分别介绍三种用途马铃薯的贮藏技术。

一、种薯贮藏（散、漫射光种薯贮藏）

种薯的贮藏可采用本章第三节所介绍的贮藏方法，其最适贮藏温度是3℃~4℃，相对湿度都应保持在90%左右，湿度的安全范围是80%~93%。目前，在贮藏窖的基础上，发展出了一种更为有效的种薯贮藏方法，即散、漫射光种薯贮藏。此方法起源于20世纪中叶，1978年国际马铃薯中心（秘鲁）将该方法首次在菲律宾推广应用。1984年逐步应用于哥伦比亚、秘鲁、危地马拉、斯里兰卡等16个国家之后不断改进并广泛应用。

利用自然散射光贮藏法需要精心设计和选择建筑材料。建造自然光贮藏室时，选择的建筑材料要能使热量从屋顶进入而自然光通过墙壁进入。与其他类型的贮藏窖相比，自然散射光种薯贮藏室充分利用自然光增加热量来提高贮藏室的温度。一般的小规模自然散射光存贮室可容纳5~6吨的种薯，种薯可以放置在平板架上或者置于种薯托盘中，每一平板或托盘中以堆放2~3层种薯为宜，以保证光线能分布所有种薯。平板架或种薯托盘的间距在很大程度上取决于的建筑物的宽度，越宽敞的建筑物其间距越大以便于自然光的穿透。如在宽度为1.5米的小贮藏室，平板架幅度为25厘米时较为适宜。为方便操作，大型

图7-9　散、漫射光种薯贮藏

贮藏室平板架的宽度最好不要超过 1.5 米。这种方式建造的自然散射光种薯贮藏室每平方米可贮藏 75~100 千克的种薯。大中型自然光贮存室贮藏种薯块茎时，可用选择多种排列方式的平板架贮藏种薯或托盘堆叠种薯（图 7–9）。种薯盘或架子虽然增加了存贮的成本，但却大大地方便了贮藏时的管理工作，并且在贮藏种类多时也十分方便分类贮藏。自然散射光种薯贮藏是小型农户贮藏马铃薯种薯的最佳选择，若是超过 100 吨的种薯贮藏室，自然散射光贮藏由于平板架或种薯托盘的花费，所需的成本可能等于甚至超过更先进的低温冷藏的贮藏成本。

自然散射光贮藏室最好选择较为狭长的房间，根据贮藏总量和可用空间的大小，可以建造一个仅有一排或两排平板架的贮藏室，这样更有利于自然光的散射和操作管理。建筑材料取决于当地的条件、成本和气候。简单的木制或竹制框架是放置平板架或种薯托盘的最佳材料。屋顶的修建应注意要能使四周的墙壁处于荫蔽中，并且能防止阳光透过屋顶直射入贮藏室，茅草屋顶是能够满足以上条件的理想屋顶。透光墙壁的建筑材料可以是丝质、尼龙或塑料制成的网状材料，也可以是聚乙烯等制成的刚性塑料或是玻璃。塑料和玻璃适合于冷凉地区使用，但是需要使用适当的通风设备。若在虫害严重的地区，丝质、尼龙或塑料制成的网状材料比较适宜（图 7–10）。

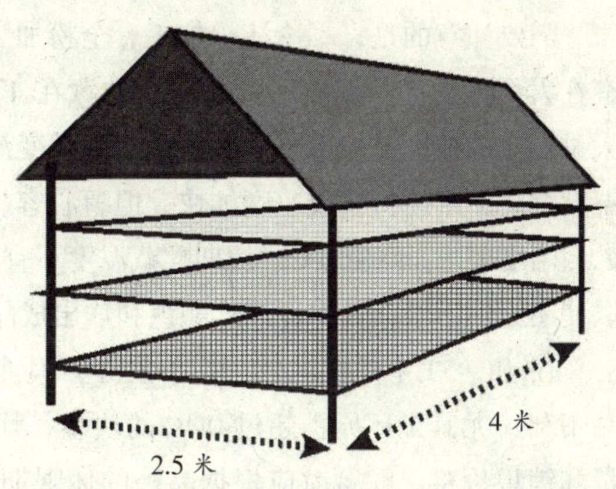

图 7–10 散、漫射光种薯贮藏外部构造

散、漫射光种薯贮藏能充分利用走廊、阳台、阁楼、大棚等地方，因此小型农户也可广泛采用。散射光贮藏下的种薯萌芽短、壮（图 7–11），播种后出苗整齐、

图 7–11 散射光贮藏下的萌芽
（图片来源：荷兰 NAVAP 组织）

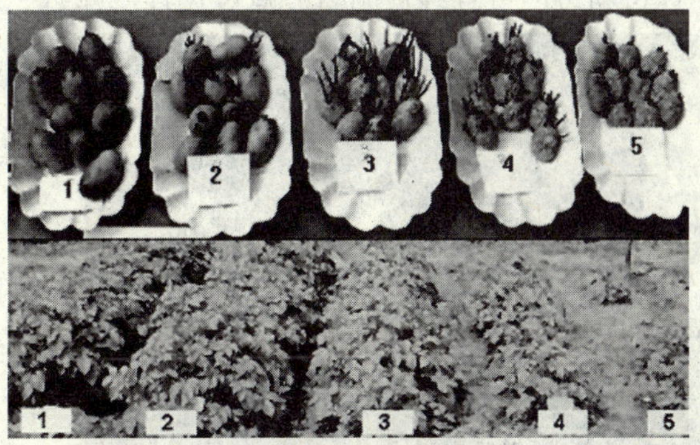

图 7–12 不同萌芽状态种薯及其长势
（图片来源：荷兰 NAVAP 组织）

产量高（图 7–12），是马铃薯种薯贮藏的最佳方法。

二、加工专用薯贮藏

加工薯贮藏大多采用贮藏窖（房、库）贮藏，具体方法参见本章第三节内容。加工薯，特别是油炸薯条、薯片用的原料薯，贮藏条件严格。加工薯要求一定的薯形，干物质含量要高，还原糖低，是专用的品种。因此，对加工薯必须分品种贮藏。

需要注意的是，不论淀粉加工、全粉加工或炸片、炸条加工用的马铃薯，都不宜在太低或太高的温度下贮藏。若贮藏在 4℃低温下，块茎的淀粉通过酶的作用，大量转化成糖，使加工薯片、薯条的颜色变深，影响食用风味和外观品质。若贮藏温度过高，则淀粉合成速度加快，但薯心容易变黑。加工油炸薯条的原料薯的短期贮藏温度要求 10℃~15℃，长期贮藏温度不宜于 7℃，最好是 8℃~10℃的条件下贮藏以使还原性不增加，保证油炸颜色和炸出成品的质量。

在 4℃~5℃下贮藏固然可以不发芽，但淀粉在低温下容易转化为糖，对加工产品不利。尤其是还原糖超过 0.4%的块茎，炸片或炸条都会出现褐色，影响产品质量和销售价格。贮藏时应根据品种的休眠期长短，调节贮藏温度。如果在 20℃下 32 天可发芽的品种，贮藏在 10℃下 64 天才发芽，大部分品种基本都是在 10℃下可延长发芽期 1 倍的时间。不过加工品种贮藏往往时间更长，为了防止块茎发芽仍需低温贮藏在 4℃左右，在加工前 2~3 周把准备加工的块茎放在 15℃~20℃下进行回暖处理，还原糖仍可逆转为淀粉，可减轻对加工品质的影响。

三、鲜食用薯贮藏

食用薯即商品薯的贮藏条件较为宽松，只要做到不冻、不烂、不黑心、少损耗、保持新鲜即可。鲜食用薯贮藏可选择贮藏窖（房、库）贮藏或是冷藏，具体方法参见本章第三节。

图 7–13　马铃薯清选分级

贮藏鲜食用薯，首先需要进行清选分级（图 7–13），挑出机械伤薯、腐烂薯，选择符合条件的马铃薯按照大小、质量等进行分级。将分级后的马铃薯进行包装（图 7–14），包装工具的选择，总的原则是既便于保护薯块不受损伤，装卸

图 7-14　马铃薯包装

图 7-15　马铃薯出售

方便，又要符合经济耐用的要求。适合马铃薯运输包装的有草袋、麻袋、网袋和纸箱等，最适用的为纸箱。最后将分级包装好的马铃薯冷藏为出售作准备（图 7-15）。

食用薯要黑暗贮藏，块茎不应受光线照射。否则块茎表皮变绿，龙葵素升高，影响品质。长期受光的块茎绿色部分龙葵素含量达 25~28 毫克/100 克鲜薯时，人、畜食后可引起中毒，轻者恶心、呕吐，重者孕妇流产，怀孕母畜产畸形胎，甚至有生命危险。所以，食用薯贮藏除控制温、湿度外，应特别注意黑暗贮藏。在 2℃~4℃低温下贮藏，淀粉可转化为糖，食用时甜味增加，不影响食用品质。

第八章

马铃薯加工

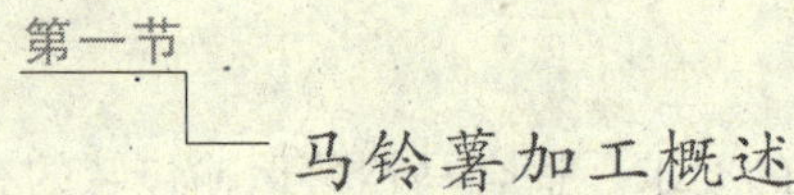

第一节 马铃薯加工概述

一、马铃薯加工的重要意义

马铃薯是人类重要的食物来源之一，但马铃薯有两个致命的缺点：一是体积大，二是贮藏期短。如何将马铃薯加工成可以长期保存的产品是很早以前人们就在探索的问题。到21世纪，马铃薯加工不再局限于延长马铃薯贮藏期，而且使马铃薯产业成为所有农作物中产业链最长的、产品最丰富的产业。通过加工，可使马铃薯进一步增值。如：将马铃薯鲜薯加工成普通淀粉可增值1倍，加工成精制淀粉增值2~3倍，加工成薯条、全粉或吸水树脂增值5~8倍，加工成食用蛋白粉增值十几倍，加工成环状糊精增值15~20倍，加工成生物胶增值60倍，经济效益十分显著。马铃薯营养丰富、增产潜力大，既可作为粮食、蔬菜、饲料，又可直接加工成食品或做工业用原料。积极发展马铃薯生产与加工产业，对保障粮食安全，增加农民收入和发展地方经济，具有重要的现实意义。

随着市场经济的发展，各地加快了种植业结构调整步伐，马铃薯脱毒快速繁育技术和高产高效配套栽培技术等的发展使我国马铃薯种植业发生了前所未有的变化，给马铃薯产业带来了发展机遇。加入WTO后，马铃薯是中国少数具有国际竞争力的农作物之一。通过增加马铃薯的加工产品，可以改善人民的膳食结构，有益于提高人民的健康水平；有利于提高其品质、产量和附加值，对加快当地农村产业结构调整，带动农民增收和企业发展具有极大的推动作用。

二、我国马铃薯加工业现状

马铃薯淀粉、薯片、薯条和全粉（也称脱水马铃薯）是最常见的马铃薯加工产品，其中淀粉和全粉可作为原料生产更多种类的食品。现代马铃薯加工业是从淀粉加工业开始的，它能消耗大量的马铃薯块茎。20世纪80年代末90年代初，我国开始引进国外先进技术与装备，开发大型高效薯类淀粉、速冻薯条、全粉、薯片等加工设备，使马铃薯加工业走上了发展的快车道。近十几年来，加工产值、产量年平均增长速度保持在10%~20%。2006年，精淀粉总加工生产能力已超过100万吨，实际生产量达30万吨左右；薯片加工总加工能力16万吨左右，实际生产9万吨；全粉总加工能力6万吨左右，实际生产量2万吨左右。每年用于精淀粉、薯片、薯条和全粉加工的原料消耗量为300万~400万吨，约占全国马铃薯总产量的5%。到2007年，我国马铃薯精淀粉加工（包括马铃薯变形淀粉）、马铃薯薯片加工、马铃薯薯条加工和马铃薯全粉加工等各种现代化的加工种类已基本齐全。目前行业整体水平与世界先进水平尚有5~10年的差距，主要表现在马铃薯的加工比例还很低，企业的生产规模小，技术装备落后，加工产品品种单一，质量难以稳定，缺乏精深加工和综合加工利用，缺乏加工专用品种。

国内市场对马铃薯产品的巨大需求，仍是促进马铃薯产业发展的强大动力，我国马铃薯加工业是可持续发展的朝阳产业。马铃薯加工业有如下特点：

（一）马铃薯加工产品多样化

马铃薯加工产品有上千种之多，直接以马铃薯为原料加工的产品主要有：淀粉、速冻薯条、全粉、薯片等大宗产品以及洁净小土豆、薯泥等食品；以马铃薯淀粉、全粉为原料加工的下游产品主要有变性淀粉（物理变性、化学变性、复合变性）、复合薯片及其他膨化食品等。

（二）马铃薯食品加工业正在兴起

长期以来，我国马铃薯绝大部分用于鲜食或作饲料和工业原料，只有少部分用于食品加工。近年来，随着食品结构的调整，新兴的马铃薯加工产品逐渐增多，除传统的淀粉、粉条（丝）、粉皮外，主要有速冻薯条、油炸薯片、复合薯片、薯泥、薯饼、膨化食品、以全粉为原料的各种马铃薯食品等，受到消费者的普遍欢迎，消费量逐年增加。

（三）马铃薯淀粉需求量大

淀粉是马铃薯加工业的大宗产品之一，国内市场的马铃薯淀粉正逐渐由粗淀粉转为精制淀粉，主要分布在北方地区和云南。四川主要在凉山州等地有部分农户和企业从事马铃薯淀粉初加工、马铃薯精制淀粉加工和普通粉丝加工产品，但还未形成马铃薯精制淀粉大规模加工的局面。同时也缺乏与加工、种薯和商品薯相适应的贮藏体系。马铃薯淀粉及其衍生物以其独有的特性，成为纺织、造纸、化工、建材等许多领域的优良的添加剂、增强剂、粘合剂及稳定剂，在医药上可生产多种酶、人造血浆及药品的添加剂等，如可加工成吸水树脂、生物胶等等，多样化产品用途广，价值极高，不仅现代工业发展需求，也是淀粉工业自身发展的必然趋势，迫切需要大力发展。

（四）马铃薯小食品需求量逐年增长

薯条是西方国家传统的方便快餐食品，已有几十年的加工和消费历史。近十年来，随着麦当劳、肯德基等洋快餐连锁店以及国内同类的快餐连锁店的迅猛发展，我国的消费者开始认识并接受这些食品。特别是近几年来，马铃薯膨化食品和方便食品成为近年食品市场的新宠，在中国市场的销售量剧增，需求量呈逐年增长趋势。

三、四川马铃薯加工业现状

目前，四川马铃薯加工总产量约为 10 万吨，加工比例约占总产量的 10%，无论是加工总量还是加工产品的种类都远远满足不了市场发展的需求。四川有从事马铃薯类加工的大中型企业达 10 余家，加工产品主要是淀粉、粉丝、快餐粉丝、鲜炸薯片和复合薯片。其中，主要加工产品是马铃薯淀粉，总产量近 6 万吨，其次是马铃薯粉条和马铃薯炸片等产品。近年来马铃薯炸片在四川得到了长足发展，产量达到 5 000 吨，而社会需求量在 2 万吨左右。其中有 60%以上的油炸薯片和全部冻薯条都是从省外调入的。四川马铃薯及其加工制品的市场需求量大，产销两旺，价格稳定，呈上涨趋势，发展前景很好。

第二节 马铃薯主要加工产品

一、马铃薯淀粉和粉条

（一）马铃薯淀粉加工

淀粉是食品加工工业和国民经济其他产业的重要基础原料。马铃薯淀粉是通过物理的方法将马铃薯块茎中的淀粉颗粒提取出来，块茎的其他成分都成了废液或废渣。与其他淀粉一样，马铃薯淀粉也是由葡萄糖聚合而成的，但马铃薯淀粉明显优于其他淀粉：①马铃薯淀粉颗粒大，生产出来的膨化食品膨化度好，质地松脆；②马铃薯淀粉粘度远大于其他淀粉；③马铃薯淀粉的糊化度低、膨胀性好；④马铃薯淀粉糊浆透明度高；⑤马铃薯淀粉的蛋白质含量低，颜色洁白（图 8-1），口味温和，无刺激；⑥马铃薯淀粉中含有较多的磷，比其他淀粉更富有营养价值。由于以上特性，马铃薯淀粉及其变形淀粉一直是重要的工业原料，广泛应用在食品、饲料、医药、化工、造纸、建筑及石油等众多领域。

图 8-1 马铃薯淀粉(来自食品供应网)

马铃薯淀粉采用刚收获 1~3 个月的鲜薯为原料，通过洗涤、磨粉、去杂质、精炼、脱水、干燥等过程而制成。马铃薯原淀粉和马铃薯变性淀粉是马铃薯加工增值的重要途径。

1.中、小型马铃薯淀粉加工

工艺流程：鲜马铃薯→洗涤→锉磨→浆渣分离→沉淀→精炼→脱水→干燥→包装→成品。

(1) 原料　淀粉加工对原料的选择有独特的要求。要选干物质含量高、淀粉含量高的品种。一般来说，干物质含量和淀粉含量应分别在 25%和 18%以上。淀粉加工要求有优质原料生产基地，对加工专用品种、高产优质栽培技术和病虫害的防治也都有较高的要求，也是加工的重要基础条件。

(2) 原料洗涤　一般采用笼式和毛辊式洗薯机进行，应将表面的泥沙清洗干净。

(3) 锉磨　采用带齿的锉磨机（小型加工常用的锉磨机见图 8-2）进行，也有采用锤片式粉碎机或齿爪式粉碎机进行粉碎作业，转速为 2 800 转/分。磨浆按照 1∶2~3 的比例加入清水，得到淀粉乳和渣的混合物。

图 8-2 小型淀粉锉磨机

(4) 浆渣分离与沉淀　在滚筒式或平板式分离机中，将经过锉磨的浆渣混合物加水进行分离，然后将淀粉乳放入流槽或淀粉池内，进行沉淀。

(5) 精炼　中、小型加工一般在精炼器内进行，利用旋流和离心沉降的原理，将淀粉乳中的泥沙和杂质去掉，得到纯净的淀粉。

(6) 脱水与干燥　小型淀粉加工可以通过三足离心机直接去除淀粉乳中的水分，得到含水量在45%~50%的坨粉。坨粉通过自然晾晒或集中进行气流干燥，得到含水量在15%以下的干淀粉。

(7) 淀粉的保鲜　在小型淀粉加工中，经常会遇到不能马上干燥的湿淀粉，应先进行充分的精炼处理，去除其中的蛋白质，俗称"黄粉"或"油粉"。然后将其贮存在冷凉的池中，使淀粉池表面有一层清水，避免阳光照射，每周换一次水，可保存3~5个月。

2.大型马铃薯精制淀粉加工

大型马铃薯精制淀粉加工普遍采用全旋流技术、碟片分离技术和真空脱水等新技术进行大规模机械化生产，极大地提高了产量和质量，使马铃薯淀粉的用途得到扩展，有条件的地区应积极发展大规模的加工。四川采取中、小型淀粉企业加工与大型企业相结合，薯类淀粉初加工和精加工相结合，是实践证明的非常成功的淀粉产业化发展模式。积极发展马铃薯淀粉初加工并结合发展与之相衔接的大规模精制淀粉深加工，将促进四川马铃薯淀粉产业更快更深入的发展。

3.淀粉初加工与精加工的结合

大、中型马铃薯淀粉加工中，小型加工厂的粗淀粉是一个重要的原料来源。大型加工厂应根据原料生产基地与加工厂的距离，确定合理的原料种类，采用原料的数量由近到远分别为：鲜薯、湿淀粉和干淀粉。从小型加工厂来的粗淀粉通常以坨粉的形式直接进入淀粉生产的后工序。

(二) 马铃薯淀粉深加工

变性淀粉是淀粉深加工的主要产品。采用物理、化学和生物化学的方法使马铃薯淀粉的分子结构、物理和化学性质发生改变，从而制成有特定性能和用途的变性淀粉产品，可以极大地提升马铃薯加工的附加值，扩展原淀粉的用途，是马铃薯深加工的重要途径。目前，马铃薯变性淀粉已经开始在食品工业上有较多的应用。变性淀粉主要有预糊化淀粉、酸变性淀粉和氧化淀粉。

1.预糊化淀粉

淀粉粒在适当温度下（各种来源的淀粉所需温度不同，一般60℃~80℃）在水中溶胀、分裂，形成均匀糊状溶液的作用称为糊化作用。将新鲜制备的糊化淀粉浆脱水干燥，可得易分散于凉水的无定形粉末，即"可溶性α-淀粉"。预糊化淀粉有较高的冷粘度和成糊性能，在国内开发较早，广泛应用于食品行业，起到增稠、改善食品口感的作用。还可用于饲料、医药、化妆品、饲料、石油钻井、金属铸造、纺织、造纸等很多行业。预糊化淀粉目前主要采用热滚筒法、喷雾法和挤压法生产。

2.酸变性淀粉

糊化温度以下，用无机酸处理淀粉，改变其性质的产品称为酸变性淀粉。酸变性淀粉可降低物料粘度，提高柔韧性，对方便面等食品品质的改进有独特作用，特别在食品工业有广泛的应用。

3.氧化淀粉

许多试剂都能氧化淀粉，但是工业生产中最常用的是碱性次氯酸盐。用次氯酸盐氧化的淀粉被称为“氯化淀粉”。次氯酸盐氧化淀粉降低了粘度，增加了流度，有更好的清晰度和稳定性，主要用于造纸工业的表面施胶，还在纺织工业中用来增加棉纱的耐磨性和改善织物的色泽。

（三）马铃薯粉条加工

按不同的生产技术原理和设备，马铃薯粉条有热水熟化粉条、挤压成型粉条和涂布成型粉条。常见的有马铃薯快餐粉丝（图 8–3）、马铃薯粉皮、马铃薯挂面式粉条（图 8–4）和马铃薯保鲜粉条（图 8–5）等。

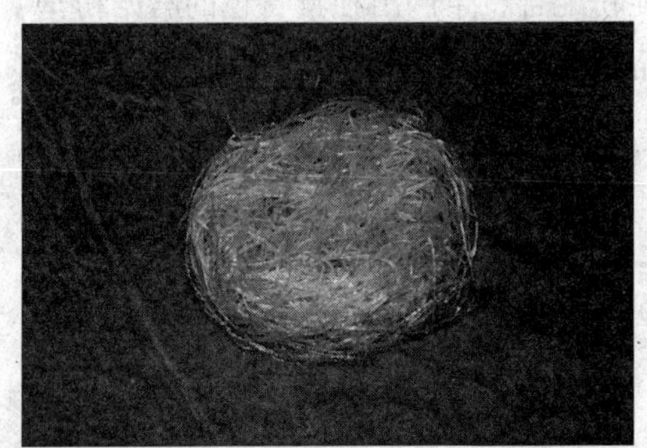

图 8–3　马铃薯快餐粉丝

图 8–4　马铃薯挂面式粉条
（来自中国名优特产网）

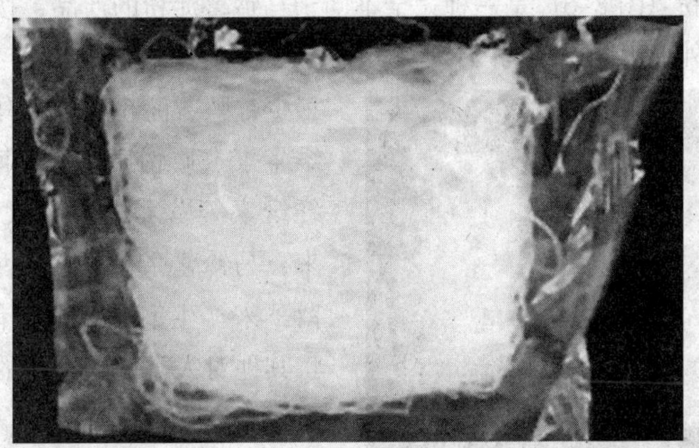

图 8–5　马铃薯保鲜粉条(来自伊来客购物网)

1. 热水熟化粉条

热水熟化粉条采用传统的手工粉条的生产工艺，经过熟粉打芡、和面、漏粉和热水熟化制成。用这种方法可生产多种规格与形状的粉条，其突出特点是耐煮性好，被长期大量用于火锅以及蒸、煮、汤菜等食品。经过多年的发展，生产已经从手工操作发展到主要工序采用机器化操作，提高了产量，改善了粉条的品质。

工艺流程：淀粉→打芡→和面→揉面→漏粉→成型→冷却与清洗→常温老化→冷冻→开粉→干燥→包装→成品

2. 挤压熟化粉条

马铃薯挤压熟化粉条以马铃薯淀粉为主要原料，分别采用挤压熟化粉丝机和外加温挤压熟化粉丝机制成，具有设备投资小、操作简便、产量高的优点。粉条产品的分类，直径较大（1.0~1.2 毫米）的为普通粉条，主要是用于家庭烹调，炒、炸、汤粉等用途；直径较小（0.6~0.8 毫米）的通常作为快餐粉丝，配上调味料包，用90℃以上的开水冲泡 3~5 分钟即可食用。用这种设备还可以将蘑菇粉、荞麦粉、玉米粉、马铃薯全粉等多种配料与马铃薯淀粉配合，生产出独具特色的蘑菇粉丝、荞麦粉丝、玉米粉丝、全薯粉丝等系列产品。

工艺流程：

淀粉→配料→搅拌→熟化成型→冷却→常温老化→开粉→干燥→成品（工艺-1，普通粉条）

淀粉→配料→搅拌→熟化成型→冷却→冷冻→开粉→人工干燥→成品（工艺-2，快餐粉丝）

二、马铃薯全粉

马铃薯全粉（图 8-6）是一种完全不同于马铃薯淀粉的产品，按其采用的加工工艺和产品的外形不同，分为马铃薯雪花全粉和马铃薯颗粒全粉。产品的游离淀粉很少，颗粒淀粉更少。马铃薯所含有的维生素、矿物质、氨基酸、微量元素、纤维素等营养物质绝大部分被保留下来，马铃薯原有的色、香、味被全部保留下来。生产马铃薯淀粉只提取淀粉，将其他对人类健康有益的营养成分以废渣、废液的形式排掉。

图 8-6 马铃薯全粉

马铃薯全粉也称为马铃薯泥、脱水

马铃薯等，它具有使用方便、保存期长、营养丰富、消化吸收率高等特点，因此以马铃薯全粉为原料开发出了多种各具特色的马铃薯食品。常见的有各种风味的方便马铃薯泥（土豆泥）、油炸马铃薯条、速冻马铃薯条（冰箱食品）、复合薯片、各种休闲食品、婴儿食品、焙烘食品（如面包、糕点、饼干等）的添加剂和即食汤料增稠剂、军队战略储备物资。将马铃薯全粉冲水或牛奶等直接食用，或加油盐葱花煎炒成土豆泥，营养丰富，风味多样。

三、马铃薯小食品

（一）马铃薯薯片

马铃薯薯片分为天然薯片和复合薯片。

1.天然薯片

天然薯片是采用炸片专用品种的块茎直接切片高温油炸得到的产品。产品能很好地保持马铃薯的风味，质地松脆，营养丰富，是一种深受人们喜爱的方便食品（休闲食品）之一（图 8-7）。用于油炸的马铃薯原料应新鲜、薯形规整、饱满、芽眼浅，没有变色和发芽。特别是还原糖含量一般应控制在 0.2%以下，在品种方面，“大西洋”是比较有代表性的加工品种。

图 8-7　油炸马铃薯片

产品的投资灵活，可根据原料和市场的需求采取不同的生产规模和自动化程度。分别有：①采用连续自动化的大型生产线，处理量在每小时 200 千克鲜薯或以上；②采用半自动化的中型生产设备，处理量在每小时 100 千克鲜薯或以上；③辅助以人工的小型加工设备，处理量每小时 30~50 千克鲜薯。

图 8-8　小型油炸机

工艺流程：鲜马铃薯→洗涤→去皮→切片→烫漂→油炸→调味→称量→包装→成品

操作要点：洗净后的鲜薯切成 1 毫米厚的薄片，用 50℃~60℃的热水进行烫漂处理，然后在温度为 170℃~190℃油炸机内进行油炸（采用的小型油炸机见图 8-8），待水分急剧蒸发，颜色略变成浅黄色时，即可立即出锅并沥干多余的油分，进行包装。

2.复合薯片

复合薯片（图 8-9）则是由马铃薯全粉、淀粉和其他原料混合后，再用模具压成一致的形状后再进行炸制得到的产品。产品十分酥脆化渣，保持了一定的马铃薯风味。由于可以做成一致的形状，可节省包装空间，便于携带。主要制作方法是将熟化的马铃薯或马铃薯与淀粉等原料混合，经过蒸制、冷却、切片、干燥、油炸、调味、包装而成。

图 8-9　复合马铃薯薯片

（二）马铃薯薯条

严格的名称应当是马铃薯速冻薯条，也有叫法式炸薯条、薯条、油炸薯条的。指用新鲜的马铃薯经去皮、切条、烫漂、冷冻、油炸后制成的一种马铃薯加工产品，因其是一种半成品，需要在冷冻条件下保存，可从冰箱里拿出来直接油炸熟食用，故多称其为冷冻薯条。由于该产品一般在零下 18℃条件保存，能保存长时间不变质，随食随用，十分方便，它已成为欧美国家很普及的一种食品，在一些国家的普及程度与中国人食用大米程度相近。中国目前主要是一些西式快餐厅和一些宾馆饭店出售这种产品，在大城市的一些超市里也逐步可看到它的影子。其特点是：是一种常用的方便食品，除含有一定量的食用油外，没有添加任何其他成分，能最大限度地保存马铃薯的天然风味；食用方便，无需解冻，直接从冷冻状态下将其油炸至松脆食用；营养丰富，能提供较高的热量。特别适合于运动量较大的青少年食用。

该产品采用低温真空油炸新技术，可加工高品质的马铃炸薯条（图 8-10）和马铃薯炸片。由于采用的温度从常压油炸（小型真空油炸机见图 8-11）的 180℃~

图 8-10　马铃薯炸薯条

图 8-11　小型真空油炸机

200℃降低到80℃~90℃，最大限度地减少了在高温下品质的劣变和产生有害物质的可能性，产品质量得到明显提高。还可以利用该设备和技术加工其他块根块茎类作物、果蔬产品和肉类等多种产品，使设备达到周年运转，提高经济效益。

工艺流程：鲜马铃薯→洗涤→去皮→切片→烫漂→冷冻→油炸→调味→称量→包装→成品

（三）马铃薯饼干

采用烘焙工艺。主要制做方法是将熟化的马铃薯或马铃薯全粉与面粉、淀粉、白糖、香料等原料混合制胚，再经过烘焙、包装而成。

（四）土豆酥

土豆酥是一种类似蛋苕酥的产品，采用油炸膨化和糖浆成型工艺。主要制做方法是将熟化的马铃薯或马铃薯全粉与糯米粉等原料混合，经过压皮、蒸制、冷却、切丝、干燥、油炸、制糖浆、成型、切块、包装而成。产品酥脆化渣，马铃薯风味浓郁。

鲜马铃薯或马铃薯全粉还可以生产再成型马铃薯二次膨化小食品（图8-12）等产品。

图8-12　再成型马铃薯二次膨化小食品

图8-13　桂花土豆丁（来自搜菜谱网）

四、马铃薯其他新产品

（一）土豆丁

干土豆丁可用于直接加工各种食品，如方便米饭、罐头肉、焖牛肉、冻肉馅饼、汤类和土豆沙拉等（土豆丁产品见图8-13）。干土豆丁的加工工序为：马铃薯先经洗涤、去皮、整理，然后用切丁机切成丁，用蒸汽处理5~10分钟，然后水洗，经300~500毫克/千克的二氧化硫处理，再用氯化钙处理，以防止结块。经上述处理后，经过热风干燥，再由振动筛或钢筛分级，最后包装贮藏即可。干土豆丁或片再经过粉碎，还可以制成马铃薯粉，可用来生产多种下游食品。

（二）土豆泥

土豆泥采用马铃薯全粉为主要原料，配合加入乳化剂、淀粉、奶粉、食盐、白糖、食用香料等辅助原料，经过配料、搅拌、膨化、制粉、包装等工序制成，营养丰富，食用方便。产品为小包装，呈松散的粉状，加温开水冲调成糊即可食用，是一种新型马铃薯方便食品和马铃薯全粉应用产品。

（三）马铃薯酱

(1) 先将马铃薯洗干净，除去腐烂、出芽部分，然后将皮削掉，放在蒸笼内蒸熟，出笼摊晾。再将其擦筛成均匀的马铃薯泥备用。

(2) 将白砂糖、水与酸水（即醋房所用的酸水，用少量稀米饭拌和麸皮放在缸中，倒缸一周，每天一次，滤下的酸水作为醋引）放入锅内熬至110℃时，将马铃薯泥倒入锅内，并用铁铲不断地翻动，直至马铃薯泥全部压散，同时要防止煳锅底。继续加热至115℃时，将柠檬酸、色素加入，并控制其pH值为3~3.2。此时由于温度过高需勤翻勤搅，防止结焦。用小火降温，到锅内物料至90℃时，将水果食用香精和营养添加剂加入锅内，用铁铲搅匀后即为马铃薯酱。

(3) 配料　马铃薯泥50千克，白砂糖40千克，水17千克，酸水0.2千克，食用色素适量，食用香精100毫克左右，粉末状柠檬酸约0.16千克，营养剂适量。可根据不同的消费习惯调整配方品种与比例。

(4) 制成的马铃薯泥有香甜、本味、椒盐、麻辣等风味，可做佐餐或方便食品。

(5) 产品经玻璃瓶或小包装复合塑料袋包装、封口和密封，在0℃~4℃的冷藏条件下可保存1个月。如在包装后再经高温或微波处理，在常温下可以保存6~12个月。

第九章

马铃薯的市场营销

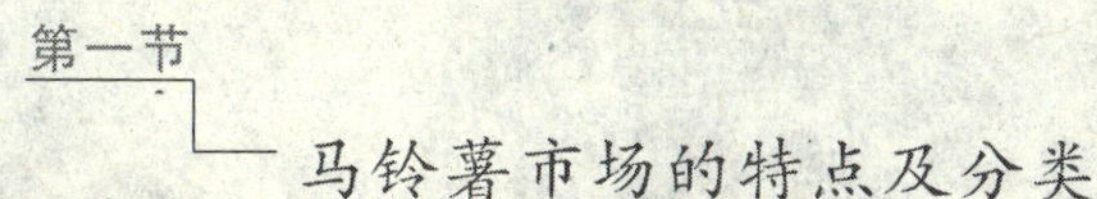

第一节 马铃薯市场的特点及分类

一、马铃薯市场的特点

（一）市场需求潜力大

世界粮食峰会显示粮食危机是全球共同面对的问题，专家预测在未来10年内，全球粮价都会持续在较高水平。联合国把2008年定为国际马铃薯年，发展马铃薯产业已经成为各国政府重要的议事日程。随着国内人民物质文化生活水平的提高，随着人们对马铃薯营养价值认识的提高，消费者愈来愈青睐马铃薯，马铃薯的市场需求会继续增大。近年来马铃薯加工产业的发展，也会对马铃薯市场发展起到积极的推动作用。中国马铃薯出口数量和出口国家不断增加，中国马铃薯贸易逐步从逆差转变为顺差。国内马铃薯市场需求还将逐年上升。四川是马铃薯大省，人口多，经济发展快，马铃薯消费也具有较大的潜在市场。

（二）地区间市场体系成熟度差别大

国内已有多种类型的马铃薯批发市场（图9-1）。部分马铃薯主产省区（如甘肃定西、宁夏固原、云南宣威等），有大型马铃薯批发市场，具备中转发运、仓储运输、市场交易、信息服务、质量检疫等多种功能。沿海省市如山东、福建以及西北的马铃薯主产区的一些专业合作社已实现产供销一体化经营方式，即承担种植、分级、包装、销售（送往大型超市、零售店）的全过程。这种一体化的经营模式不仅减少中间环节，降低流通成本，而且能完成农产品到商品的转化，使产品增值，农民增收。但是，国内还有许多地区是露天市场，或没有建立市场，或在收获时由批发商直接到地里收购。四川省内专门的马铃薯批发市场较少，已有马铃薯专业合作组织方式的营销活动。预测近几年省内马铃薯市场主体经营规模会明显增大，市

交售给淀粉加工公司的马铃薯

云南某地村民正在销售的马铃薯

定西马铃薯综合交易中心一角

定西马铃薯综合交易中心的大屏幕滚动着马铃薯当日交易价

图 9-1　多种类型的马铃薯批发市场

场组织化程度会明显上升。

（三）市场需求产品多样化

马铃薯市场不仅对鲜食薯、种薯有大量需求，而且对不同层次、类型的加工薯产品有大量需求。马铃薯品种较多，不同马铃薯品种其淀粉、蛋白质、维生素 C、花青素苷等的含量及食用风味都有差异。马铃薯各类加工需要与之相适应的专用品种。可依据不同消费者的需求选择生产、销售合适的品种，以获得较大效益。例如：彩色马铃薯（薯皮、薯肉为彩色）由于色彩鲜艳、且具有特别营养价值的花青素苷，因而具有良好的市场开发价值。目前因品种较多、杂，大多数消费者都不知道自己买的马铃薯是什么品种。随着产业化水平的提升，市场品种将会规范化。

（四）价格波动大

马铃薯从前一季新薯上市到下一季的新薯上市，一般周期为 50~80 天，价格也呈周期性变化。由于生产季节性因素以及我国马铃薯产业组织体系、市场体系还处于逐步成熟的过程中，因此马铃薯市场价格波动较大。马铃薯生产者可以通过调整收获时间、科学贮藏、适时上市等方法，争取获得最大的效益。

二、马铃薯的市场分类

按照马铃薯的用途，一般将马铃薯市场分为三类：鲜食薯市场、加工薯市场和种薯市场。

（一）鲜食薯市场

销售鲜食、菜用或饲料用马铃薯，可根据规模和级别分为中小型马铃薯批发市场、大型马铃薯批发市场、综合性批发市场、普通蔬菜零售市场、大型超市、电子商务市场等（图 9–1、图 9–2）。

图 9–2　蔬菜零售市场和超市中的马铃薯

（二）加工薯及加工产品市场

加工薯市场销售用于各级加工的马铃薯，一般是由加工企业定价收购农民的鲜薯，或加工企业与农民签订合同，实行订单生产，以保证原料充足。不同加工类型要求与之相适应的专用加工薯，如淀粉加工要求用含淀粉高的专用品种。马铃薯加工产品除淀粉及其相关产品外，还有薯片、薯条、粉丝、全粉及多种小食品等，这些加工产品不仅丰富了马铃薯市场，而且带动了马铃薯产业化发展。

（三）种薯市场

种薯市场是专指销售种薯的马铃薯市场。马铃薯种薯分为原原种、原种和合格（生产用）种薯三个级别。国家标准 GB18133–2008 中明确规定了各级种薯的标准。近年来四川通过实施马铃薯“提升计划”，建立健全了脱毒种薯繁育体系、种薯市场准入制度，马铃薯种薯市场在逐步规范过程中，符合要求的合格种薯才能进行市场交易。原原种（图 9–3）因生产过程技术含量及成本较高，销售价较昂贵，由有完善设施的原种场或原种基地购买。

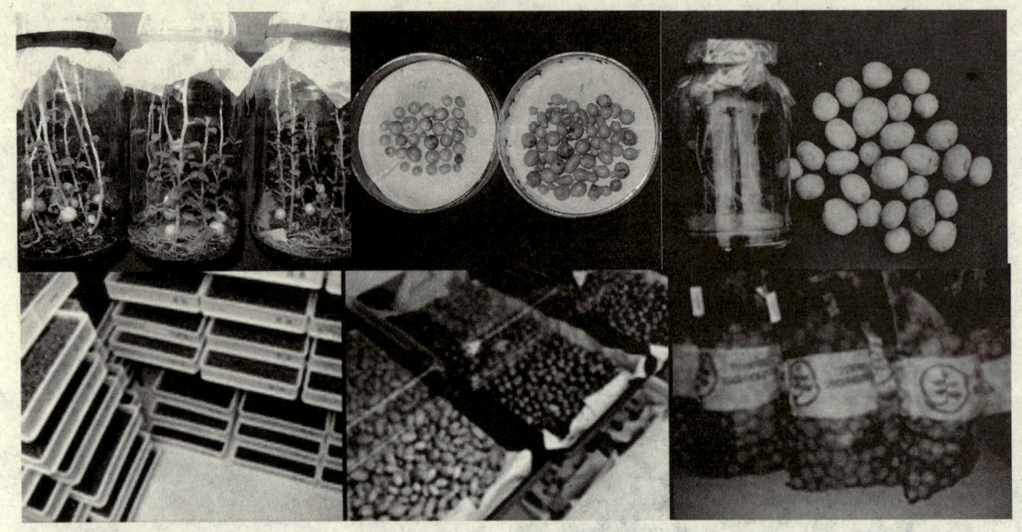

图 9-3 原原种

第二节 马铃薯市场的培育及发掘

市场的培育及发掘可以吸引许多商家，给农民提供产品销售场所，有利于打开销路和增收。

一、批发市场和零售市场的培育及发掘

在城市或基地建立农产品贸易中心或批发交易市场，优化营销环节，打破行政区域限制，实现产地销地直接联合协作，发挥辐射效应，带动周边马铃薯交易与流通。

马铃薯零售市场在我国则有很大潜力。随着生活水平的提高，消费者对农产品的品质要求也越来越高，生活节奏的加快使人们更喜欢到方便整洁的大型超市购买农产品。目前，我国大多数市场的马铃薯都是带泥混散装零售，价格较低。如果经过清洗、分级、包装等处理再上柜台，价格就可以明显上升。马铃薯包装商品化进入超市或进行连锁经营是零售市场可以考虑实施的方式。

二、国外市场和电子商务市场的培育及发掘

东南亚是中国马铃薯鲜薯的主要出口地区，东南亚国家对马铃薯鲜薯的年需求

量在 30 万吨以上，以前主要从美国和欧洲进口，近年来从中国进口的商品薯和种薯每年约 7.5 万吨。由于中国南方沿海等地邻近中国港澳台和东南亚，地理位置优越，交通便利，是中国马铃薯出口的主要地区。目前，东南亚市场马铃薯进口仍有较大的增长潜力。除鲜薯外，东南亚国家对淀粉、薯片、薯条以及冷冻薯制品的需求量也很大。自 2004 年 1 月 1 日起，中国—东盟自由贸易区框架下的“早期收获”计划正式付诸实施，包括马铃薯在内的 500 多种农产品关税降低，为马铃薯热销东盟国家创造了良好的条件。要开辟国外市场，首先需要产品质优，要对产品进行分级和包装，进行标准化生产。

互联网技术的应用为我国的农产品和农业生产资料流通注入了新的生机和活力，利用先进技术，搭建农业信息应用平台，实现网上交易是历史的必然趋势。马铃薯作为一种农产品也不例外，目前已有许多马铃薯的供销信息通过中国农业信息网、中国农产品信息网、阿里巴巴信息网等电子商务平台在网上发布（图 9–4）。

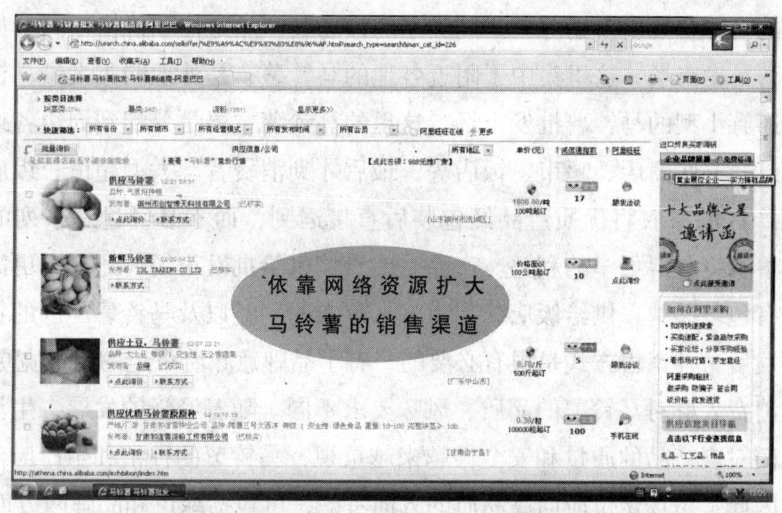

图 9–4　在阿里巴巴网上发布马铃薯销售信息

三、种薯市场的培育及发掘

随着马铃薯产业化的大发展，马铃薯种薯市场具有很大的发展潜能。四川高山马铃薯产区因海拔高、日照长、气候冷凉和传毒介体少等特点，是重要的马铃薯种薯市场基地。四川种薯生产已有一定规模，但还远不能满足生产所需，有些地区的种薯，尤其是秋作种薯还需要从省外调运。因此，种薯市场的培育及发掘显得更加紧迫。马铃薯种薯市场发展战略应突出品种、品牌、质量、价格，同时，必须严格按照我国种薯生产分级标准和质量认证体系，遵守种薯市场准入制度，规范种薯销售市场，实现种薯从生产到销售的健康、规范化运转。

第三节

马铃薯的营销策划

通过营销策划可使马铃薯增值，使农民增收。马铃薯价格沿着从种植者到包装者、到批发商、零售商，最后到消费者这条轨迹在不断升高。本节以鲜食马铃薯为例，介绍马铃薯的营销策划方法。

一、市场定位

马铃薯销售市场和消费者都是多样化的，薯农生产的马铃薯将面向什么样的市场和消费者，这是在决定种植马铃薯之前就需要思考的市场定位问题。

市场有国外市场、国内市场、普通菜市场、大型超市、大中型的马铃薯批发市场、小型的马铃薯批发市场等。不同类型的市场其产品定位和价格不同。如大、中型的马铃薯批发市场，这里集中了附近各地的马铃薯，是外地购买大量马铃薯的主要地区。还有小型的马铃薯批发市场，这里的马铃薯主要是分配到周边各地的蔬菜零售市场以及一些商店、超市、饭店等，最后才到消费者。大型超市、饭店的马铃薯可由生产区的薯农将优质产品经包装后直接运到，而不必经过一系列的批发市场，这样薯农将获得更多的利益。产品是要直接供给批发市场，还是以更高品质的形式（如有包装品牌）供给饭店、超市？从薯农的利益以及马铃薯产区的长远发展来看，开发后一种销售方式是很有必要的，有了品牌意味着可走的路更宽更远。

不同消费人群对马铃薯的品质、风味要求不同。随着经济的发展，生活水平的提高，人们对农产品的质量和安全性越来越重视，马铃薯的种植和生产应注重环保和健康。因此，市场定位应向高品质的方向考虑，可包括绿色和品牌两方面。

二、产品宣传

为使消费者了解产品，提高产品的知名度和商业价值，需对产品进行宣传。为达到这个目的，通常采用产品发布、广告、促销、会展和网络几种方法。

（一）产品发布

利用新产品的发布引导媒体去写一些对产品需求有利的报道，产品供应者无需支付费用。这是马铃薯主产区在政府引导下宣传其产品的最为实际的方式。

（二）广告

广告是利用报纸、电视广播、户外广告牌等新闻媒体的一种形式，但要出钱，且费用高，不太适用于马铃薯，除非有龙头企业的支持，或产品有了自己的品牌和一定的知名度，想要再扩大影响力。

（三）促销

促销是另一种形式的付费活动，涉及展览、店内展示和折扣优惠等，以此提高顾客购买该产品的兴趣。

（四）会展

近年来会展产业的发展为商家提供了品牌塑造的又一通道，据统计，会展经济对中国国民生产总值的贡献率已达到3%，在汽车、服装、音像制品等行业，会展规模已相当之大，影响广泛。马铃薯可参与农产品会展以达到营销的目的。

（五）网络资源

有条件的营销组织可以建立产品宣传的网站，也可在地方已有的网站如农业局、农产品供销网等宣传马铃薯产品。

我国农民种植马铃薯的规模都较小，凭一人之力是很难做产品宣传的，而某一地区（县、市）的农户可通过当地的马铃薯营销合作组织以及政府的支持进行。如宁夏固原通过当地各级政府和北京新发地农产品批发市场，中国农产品市场协会联合举办了固原六盘山马铃薯推介会以及销售专区的启动仪式，使700吨马铃薯登陆北京市场，活动的举行和媒体的报道使市民增加了对购买该品牌马铃薯的兴趣；武

图 9-5　丰富多样的马铃薯市场宣传

川县、会泽县等一些有名的优质马铃薯生产县也为产品的上市举行展示活动，增加商品的影响力；甘肃定西举办马铃薯大会吸引各方来宾，可达到宣传该地区和交流的效果（图 9-5）。

我国马铃薯的许多产区大多建立了马铃薯营销合作组织，也有许多专门的营销大户，不同地区其发展程度不同，很多组织都只是主要负责联系当地马铃薯的买主以及运输等，较为分散，能力有限，对马铃薯的宣传做得还远远不够。西方国家则有马铃薯的全国性组织，如美国马铃薯商会、英国马铃薯协会和塞浦路斯马铃薯开发协会，其目的在于扩大马铃薯的需求，除了广告、促销和开展公关以外，这些组织中的一些还从事研究、教育、市场调研和质量控制等。

三、分级包装

（一）包装的定义和作用

根据国家标准 GB4122-83 的定义，包装是在流通过程中为了保护产品，方便储运，

促进销售是按一定技术方法而采用的容器、材料及辅助物品的总称。包装质量直接影响到商品能否以完美的状态传输到消费者手中，同时，包装是实施商品保护的第一手段，是产品转化为商品过程中不可缺少的环节，也是市场竞争的利器和商品价值增值的重要方式。

我国马铃薯的种植者通常也是运货者，同一地区的许多种植者间相互结成马铃薯营销组织，负责联系马铃薯的买主以及运输。西方国家有些种植者自己对鲜马铃薯进行包装以提高其商品价值。种植者向鲜菜市场销售马铃薯时自己包装，也可将马铃薯卖给包装公司或者与一家公司签约，交一定费用让他们包装以后才进入鲜菜市场。

（二）分级标准和方法

个头、形状、硬度以及外观都是鲜马铃薯的重要指标。一般消费者都要求马铃薯没有明显的污损，如创伤、腐烂、疮痂等。西方多个国家建立了马铃薯等级的划分标准，如美国的 1 号标准 A 级产品要求马铃薯具有坚实、干净、美观、无冻伤、无黑心、无虫害、无萎缩、无腐烂、无损伤，并且直径不小于 47.8 毫米，任意一批马铃薯与标准的误差不超过总量的 8%。目前我国对马铃薯还没有统一的较为细致的分级标准。

分级方法可大致归纳为两种，人工分级和机械分级（图 9-6）。人工分级单凭人的视觉，容易受心理因素的影响特别是薯块美观圆滑与否的判断，往往偏差较

图 9-6　马铃薯的人工筛选和分拣设备

大，但如果只是针对零售散装市场，简单的筛选分拣还是有效的。采用机械分级，不仅能够消除人为的心理因素，更重要的是能显著提高工作效率。我国内销的马铃薯一般都不进行严格的分级，并且也没有相关的标准，而外销产品才会进行严格的分级。随着技术的进步用于马铃薯分级的设备越来越先进，如图 9-10 左下角所示的利用红外线的分拣设备。

（三）鲜薯包装方法

美国等西方国家的马铃薯通常有消费者包装和计量纸箱。消费者包装主要包括 4~8 盎司（124~248 克）的塑料袋包装、纸包装和网袋包装的马铃薯。其最值钱的马铃薯是重量在 8~14 盎司（248~435 克），被包装在 15 镑重的纸箱中，被称为计量纸箱，每个纸箱上注有其中的马铃薯块茎数（60、70、80）。零售商店和饭店购买计量纸箱马铃薯，主要用于烤制（图 9-7）。

图 9-7　国外市场几种马铃薯包装方式

我国北京、上海等发达地区的大型超市，已有经过精心包装的马铃薯上市

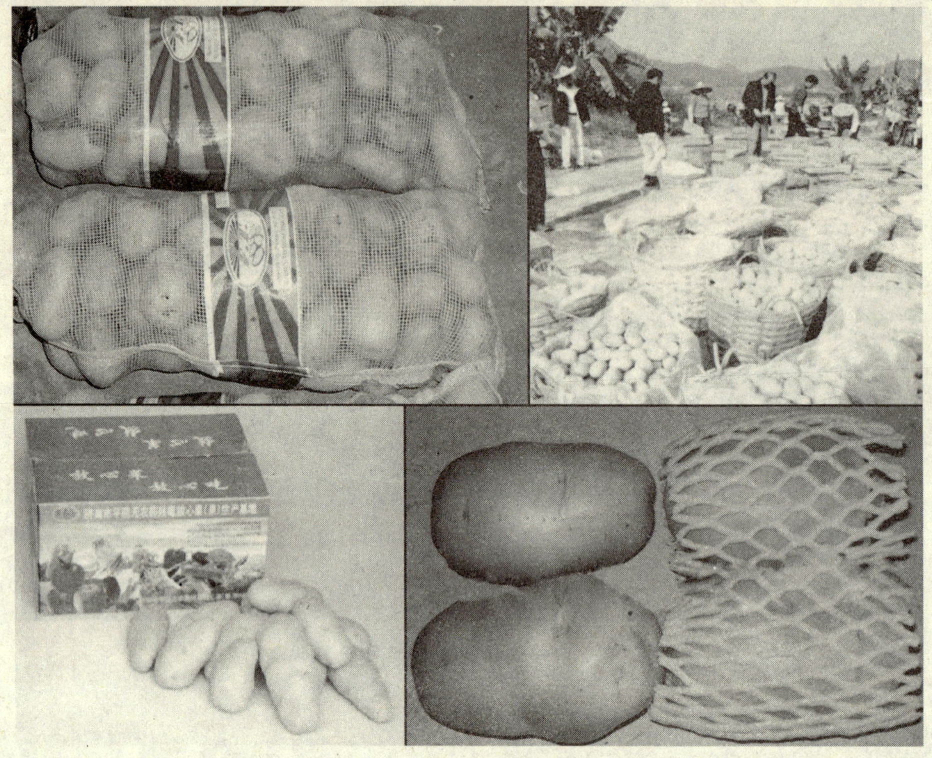

图 9–8　国内市场几种马铃薯包装方式

(图 9-8)。将优质马铃薯像苹果、梨等一样套上泡沫网，装于纸箱中的包装一般是出口级的，在山东、福建等沿海一带较为常见，当地有许多进行农产品进出口贸易的公司。

四、品牌创造

(一) 品牌

品牌是由名称、术语、标记、符号或图案等要素组合而成的，用于体现某个销售者或某种产品或服务的独特性，并使之与其他销售者的产品和服务相区别，借以促进销售的记号。

品牌命名的常用方式，有以功能命名，以人物命名，以地域命名，以吉利美好事物命名，以企业名称命名，以译音命名等多种方式。在市场经济中，由于农产品市场接近于完全竞争的市场，因而各种农产品之间的竞争更为激烈，有品牌的农产品相对于无品牌的农产品来说，在市场竞争中会处于相对优势地位。因为品牌能够将某种农产品与同类产品相区别。把农产品的特点用品牌表现出来，使消费者一看到这个牌子就想到这种农产品的质量、价格、特色。

（二）马铃薯品牌创立

创立马铃薯品牌，找好市场定位是关键，同时要有鲜明的优势特色。可将地理环境、传统、风俗等文化元素融入品牌的内涵中。例如：四川马铃薯的主产区凉山州创立了“乌洋芋”品牌。马铃薯品种很多，不同品种在形状、薯皮和薯肉颜色上不同（图 9–9），营养成分、煮食风味上也有差别。消费者见惯了白色或黄色薯肉的马铃薯，对于薯肉为彩色的品种会很有兴趣，加之彩色马铃薯所含的花青素具有多种保健作用，符合健康食品理念，因此创立彩色马铃薯品牌就有了良好的市场前景。

图 9–9　色彩多样的马铃薯

创立马铃薯品牌需要政府支持，薯农参与，在当地组建马铃薯专业合作社，进行马铃薯产、供、销一体化建设。这一方面起步早且做得较好的如定西“喜农马铃薯专业合作社”，创立了“新大坪”马铃薯品牌。还有惠州市惠东县的铁涌马铃薯专业合作社，其拥有会员 400 多人，其中绝大多数为农民会员，如图 9–10 所示，社员正包装马铃薯准备出口。

也有一些农产品加工企业，从种植者处收购马铃薯，进行分拣、清洗、分级和包装，以公司名称为品牌，进行出口销售，如青岛食伯良食品有限公司、山东高密绿天食品有限公司和山东通海食品有限公司等。

图 9–10　社员包装马铃薯准备出口

个人寻找合作项目也有成功的实例。如原是一家证券公司分析师的吴女士参加中加合作的“小农户适应全球市场项目”，在北京调查马铃薯销售市场的活动。她发现武川马铃薯在北京的马铃薯批发商群体中非常有名气，但市场中还没有形成强势的马铃薯品牌。通过在武川县的实地考察发现在巨大的市场需求和武川更多的优质马铃薯供给中，缺乏一个有效连接市场和农户的桥梁，于是想将武川的优质马铃薯进行包装并创造品牌，以提高当地马铃薯的价值，这一想法也得到了该项目的大力支持。“小农户”项目帮她做营销策划，设计广告以及进行包装设计，并请专人和她一起到超市做营销工作。协助她注册了内蒙古草原金禾生态农业有限公司，来进行包装后的马铃薯营销。经过努力终于得到了来自北京物美超市集团的第一份订单。

保证品牌的品质十分重要。如美国“爱达荷州”马铃薯品牌几十年来一直受到市场的褒奖，与其他几个马铃薯主产州相比，虽然爱达荷州距人口中心最远，但鲜马铃薯的离岸价却最高，消费者对品牌的认可使其零售价很高。

经济学理论认为：“当你给顾客提供更多选择的时候，需求也跟着增长”。品牌能拉动需求，从消费者角度以品牌分类会带来经济上的好处。零售行家认为：为了最大限度地提高销量，超市至少应提供 8 个品种。马铃薯也是如此，并非人人都喜欢同一品种的马铃薯。提供的选择越多，顾客就越有可能从中找到并购买所喜欢的特定品种。这一经验已在英国马铃薯业推广，在英国的超市，顾客可以挑选许多品种。目前我国鲜马铃薯在零售店销售的品种少，大多数零售市场只有 1~2 个品种，且没有贴标签，顾客搞不清楚出售的是哪种品种的马铃薯。给品种制定品牌有利于鲜马铃薯业跳出低价商品的圈子，进入品牌产品的行列。

第十章

马铃薯专业合作组织

农民专业合作组织是适应市场经济发展需要而产生的，发展农民专业合作组织是发展现代农业的需要，是提高农民组织化程度和农民综合素质的重要手段，是应对日趋激烈的农产品市场竞争实现“小生产”应对“大市场”的需要，是落实国家惠农富民政策的重要渠道，是推进农业产业化、提高农业综合生产能力、促进农民增收的必然要求，也是推进新农村建设的重要载体。

国家对发展农民专业合作组织十分重视和支持。2004~2007 年连续 4 个中央一号文件都强调要发展农民专业合作组织。全国人大常委会通过的《农民专业合作社法》，规范了农民专业合作组织的组织和行为，规定了国家要采取财政、金融、税收等各方面扶持政策。各级党委、政府高度重视农民专业合作组织的发展，为农民专业合作组织发展营造了良好的社会环境。

第一节 农民专业合作组织的含义和作用

一、农民专业合作组织的含义

农民专业合作组织是在农村家庭承包经营基础上，同类农产品的生产经营者或者同类农业生产经营服务的提供者、利用者（主要是农民），自愿联合、民主管理的互助性经济组织。其服务对象主要是其参加者（成员），为其成员服务的内容包括购置、销售、加工、运输、贮藏以及与农业生产经营有关的技术、信息等服务。它具有经济性和合作性，具有服务、组织、中介和载体的功能。

农民专业合作组织应遵循的原则是：①成员以农民为主体；②以服务成员为宗旨；③以家庭承包经营为基础；④自愿联合，加入自愿，退出自由；⑤平等合作，民主管理；⑥盈余返还（盈余分配主要按成员与组织的交易量按比例返还）。

二、农民专业合作组织的作用

农民专业合作组织在促进农民增收、发展农业生产和农村经济中发挥着越来越重要的作用。农民加入农民专业合作组织可以获得很多好处：一是可以降低生产成本；二是降低交易费用；三是提高农民市场主体地位；四是提高农民抵御风险的能力；五是实现规模效益；六是提高农民素质。

第二节 农民专业合作组织的分类与构成

我国的农民专业合作组织发展较晚，但是发展速度较快，形成了多样化的合作组织。

一、农民专业合作组织的分类

农民专业合作组织主要有农民专业协会、农民专业合作社、农民专业合作组织的联合组织等几种类型。

（一）农民专业协会

农民专业协会是由农民自愿组织起来，在农户家庭经营基础上，实行资金、技术、生产、供销、加工等互助合作和服务的开放性、民间性的社团组织。主要为成员提供服务，一般不从事经营活动，成员间的利益联系比较松散。经费来源主要是会员会费、政府资助、部门或个人的捐助。一般依据《中华人民共和国民间社团管理条例》在民政部门登记注册，是农民专业合作的初级层次。

（二）农民专业合作社

农民专业合作社是在农村家庭承包经营基础上，同类农产品的生产经营者或者同类农业生产经营服务的提供者、利用者，自愿联合、民主管理的互助性经济组织。农民专业合作社以其成员为主要服务对象，提供农业生产资料的购买，农产品的销售、加工、运输、贮藏以及与农业生产经营有关的技术、信息等服务。不包括以公司等名称登记注册的股份合作制企业、社区经济合作社、供销合作社、信用社等。专业合作社是一种管理比较规范、与社员联系比较紧密的合作组织形式。农民专业合作社多数在工商管理部门登记为企业法人，是农民专业合作比较高的层次。

（三）农民专业合作组织的联合组织

近年来，我国一些地方农民专业合作组织在发展过程中，为了增强自身实力，更好地参与市场竞争，在成员自愿的基础上又开展合作组织之间的联合，形成了新的联合组织或联合会。

二、农民专业合作组织内部机构设置

农民专业合作组织的组织体系及职责范围应根据国家相关法律、法规规定，参照农业部发布的《农民专业合作经济组织示范章程（试行）》建立，其中农民专业合作经济组织内部机构按照《中华人民共和国农民专业合作社法》设立。农民专业合作组织主要设置成员（代表）大会（决策机构）、理事会（执行机构）和监事会（监察机构）。合作组织规模较小、成员不多的，设置成员大会、理事会，也可由1人任监事，行使监事职责。合作组织规模较大（农民专业合作社法规定成员超过150人）的，可设成员代表大会（代表要经过民主程序推选），行使成员大会职责。

第三节 农民专业合作组织的建立与运行

农民专业合作组织在一定条件下建立，取得资格的农民专业合作组织依法开展服务及经营活动。

一、农民专业合作组织的建立

（一）农民专业合作组织建立的条件及加入条件

1.农民专业合作组织建立的条件

建立农民专业合作组织的条件包括基本条件和专业条件：

（1）基本条件　①有5名以上符合规定的成员，其中农民至少占成员总数的80%。②有符合规定的组织机构。③有符合规定的章程。④有符合法律、行政法规规定的名称和章程确定的住所。⑤有符合章程规定的成员出资。

（2）专业条件　①一般由该专业的带头人发起创立，发起人要有一定的号召力和影响力。②成员以从事该专业的农民为主。③专业生产要具有一定的规模。④允许跨地区成立。

2.加入农民专业合作组织的条件

加入农民专业合作组织的条件是具有民事行为能力的公民，以及从事与农民专业合作组织业务直接有关的生产经营活动的企业、事业单位或者社会团体。具有管理公共事务职能的单位不得加入农民专业合作组织。农民专业合作组织成员总数20人以下的，可以有一个企业、事业单位或者社会团体成员；成员总数超过20人的，企业、事业单位和社会团体成员不得超过成员总数的5%。

（二）农民专业合作组织设立模式

农民专业合作组织最基本的设立模式应当是由农民在家庭承包基础上自愿联合组成，一般要求其合作带头人应当具有较强的组织协调能力，其成员具有较强烈的合作需求和合作意愿。目前条件，由于农民日益增长的合作需求与农民合作能力不足，许多地方在实践中可选择以下三种设立方式：

1.依托能人大户设立

能人大户之间可以建立互惠互利的合作关系，也可以由能人大户带头发起组织一般农户创办农民专业合作组织。这里所指的能人大户是指农村能人、种养大户、致富带头人及具有个体工商或者私营企业性质的农民经纪人。

2.依托经济技术部门设立

可以利用农业技术推广机构、科协、供销组织等部门的技术、资产、营销网络等优势把农民组织起来。

3.依托各类龙头企业设立

有实力的工商企业进入农业领域，主动找农民联合，将扶植合作组织与建设农产品基地结合起来，创办企业与农户互利的合作组织。

（三）农民专业合作组织设立程序

设立农民专业合作组织一般可以按下列程序运行：①发起筹备。②申报批准（备案）。③制定章程（草案）。④推荐理事会、监事会候选人名单。⑤召开筹备（设立）大会。⑥组建工作机构。⑦登记、注册。

二、农民专业合作组织的运行

（一）农民专业合作组织成员的权利与义务

农民专业合作组织成员享有下列权利：①参加成员大会，并享有表决权、选举权和被选举权，按照章程规定对本经济组织实行民主管理。②利用本组织提供的服务和生产经营设施。③按照章程规定或者成员大会决议分享盈余。④查阅本组织的章程、成员名册、成员大会或者成员代表大会记录、理事会会议决议、监事会会议决议、财务会计报告和会计账簿。⑤章程规定的其他权利。

农民专业合作组织成员承担下列义务：①执行成员大会、成员代表大会和理事会的决议。②按照章程规定向本经济组织出资。③按照章程规定与本经济组织进行交易。④按照章程规定承担亏损。⑤章程规定的其他义务。

（二）农民专业合作组织服务及经营活动的开展

1.农民专业合作组织服务的开展

从目前四川现有农民专业合作组织为成员提供的服务内容看，主要有以下几个方面：①统一采购生产资料。②引进推广新品种、新技术。③开展技术咨询和培训。④提供信息服务。⑤组织标准化生产。⑥统一收购农产品，组织农产品销售。⑦培育农产品品牌，实行农产品初加工。⑧提供信用担保，帮助成员解决生产经营资金问题。⑨协调销售价格，维护市场秩序。⑩维护成员合法权益。

2.农民专业合作组织经营活动的开展

农民专业合作组织开展经营活动的主要目的是增加组织实力，促进成员分工合作，实行产业化经营，为成员提供全方位服务，增加成员的收入。

(1) 组织农产品的收购和统一对外销售　收购成员按照农民专业合作组织标准生产的农产品，统一分级、加工、包装后对外销售。

(2) 组织农产品加工　以合作组织成员的农产品为原料实行深加工，应单独核算，严把质量关，降低生产成本。

(3) 统一采购农业生产资料　统一集中采购生产资料，可以获得较低的市场价格，减少交易费用，保证质量。开展生产资料统一采购的，应坚持内部性、微利性原则。

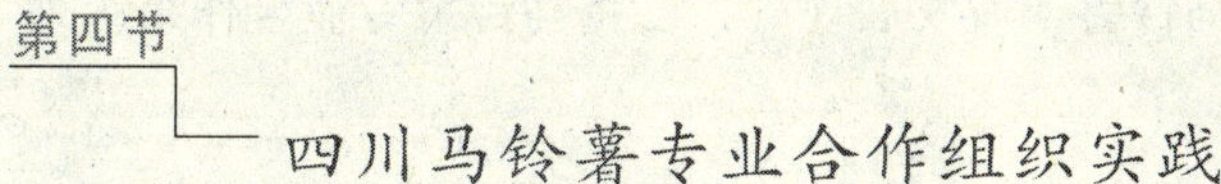

第四节　四川马铃薯专业合作组织实践

四川农民专业合作组织发展取得了显著成效，而马铃薯专业合作组织则发展较晚而且缓慢。

一、四川农民专业合作组织和马铃薯专业合作组织基本情况

(一) 四川农民专业合作组织基本情况

改革开放以来，四川农民专业合作组织的发展经历了从起步、稳步发展到快速发展三个阶段，已逐步由生产互助、技术服务、信息传播为主发展到资金、技术、劳动等多要素合作，由简单的购销服务扩展到产前、产中、产后一体化综合服务，呈现出向多种行业逐步扩展，向综合服务逐步拓宽，向多元主体逐步发展，向高端产品逐步升级的发展趋势。近年来，省委省政府高度重视农村专业合作组织的发展，相关领导多次作出重要批示，出台了相关文件，有力地促进了四川农民专业合作组织的发展。到 2007 年底，全省农民专业合作组织达到 10 593 个，成员 515.21

万户，占农户总数的27.8%；带动农户530.75万户，覆盖面达到1 045.96万户，有半数以上的农户在农民专业合作组织中受益。到2008年底，经工商部门登记注册的农民专业合作社达到5 010个。

四川农民专业合作组织也存在不少问题，主要表现在：管理体制未理顺，在实践中带来许多困难和混乱；规模小，实力弱，服务内容单一，抵抗风险能力弱；机制不健全，组织与农户的关系松散，难以适应市场经济的需要；培育不够，扶持少，人才缺乏，出台的政策未落实到位。

(二) 四川马铃薯专业合作组织基本情况

近年来，随着四川马铃薯产业的快速发展，马铃薯专业合作组织也逐步发展起来。但由于长期以来，四川马铃薯普遍被当作杂粮看待，马铃薯整体生产水平较低、生产分散、组织化和产业化程度不高等局面至今未得到根本改善，马铃薯专业合作组织发展晚而且缓慢，到2008年全省各类马铃薯专业合作组织也只有300个左右，这些专业合作组织大多规模小、实力弱、松散、服务内容单一、不规范、运转困难，多数还处于协会产生发展的初级阶段，相对其他蔬菜或者水果等专业合作组织，马铃薯专业合作组织还十分落后。为了适应四川马铃薯产业的发展，急需建立规范完善的马铃薯专业合作组织来促进马铃薯产业各个环节向高水平、深层次方向发展。四川的马铃薯产业发展规划，已将马铃薯专业合作组织列为重要建设内容之一。

二、进一步推进四川马铃薯专业合作组织发展的对策

(一) 加强宣传，提高认识

加强对专业合作组织有关知识、法律法规、建立合作组织的意义及一些成功的事例和优秀带头人的宣传，提高广大农民对专业合作组织的认识，引导广大农民积极参加、共同办好农民专业合作经济组织。

(二) 加强领导，促进规范发展

加强对马铃薯专业合作组织的指导、协调和服务工作，及时总结推广成功经验。对已建立的马铃薯专业合作组织，要逐步规范，使其更好更快发展；对新组建的要大力支持，允许多种形式存在，并在发展过程中逐步规范。要采取各种有效措施，通过加快马铃薯专业合作组织发展，推动形成“建一个组织，兴一项产业，活一地经济，富一方群众”的发展格局，促进马铃薯产业的发展。

(三) 营造环境，加大扶持力度

进一步在工商登记服务、财政投入、税收优惠、农产品运输、金融服务等方面

营造良好的政策环境，加大对马铃薯专业合作组织的培育和扶持力度，促进马铃薯专业合作组织健康发展。

（四）积极引导，健全组织类型

根据四川马铃薯产业发展和农民生产经营活动的需要，在有关部门的积极引导和相关企业、能人大户的带动下，建立和健全四川马铃薯专业合作组织，包括良种繁育及经营合作组织、商品薯生产合作组织、马铃薯营销合作组织、马铃薯加工合作组织等。

（五）加强培训，提高队伍素质

发展农民专业合作组织，归根结底要靠有文化、懂技术、会经营的新型农民。要着力培养一支高素质的业务辅导员队伍和合作组织的管理人队伍，指导建立健全内部规章制度，实施民主管理，完善自律机制，增强服务功能。

第十一章

马铃薯烹饪和食用方法

随着国际小麦、大麦和玉米供应量不足，全球粮食价格上涨，许多国家面临粮荒。联合国粮农组织正式推出 2008 年为“马铃薯年”，将马铃薯定义为地球“未来的粮食”，也是继 2003 年国际水稻年后，第二个以农作物命名的国际年。国际马铃薯年的宗旨是：提高马铃薯这一具有全球重要意义的粮食作物和商品的形象，重视其生物和营养特点，从而促进其生产、加工、消费、销售和贸易。

营养丰富的马铃薯，加上健康、独特的四川和中国烹饪技术，结合西式烹饪方法，形成独特的中西结合的饮食文化，使更多的人喜欢，带动马铃薯的生产和消费。

第一节 马铃薯的食用价值

马铃薯具有丰富的营养价值、药用价值和保健价值。

一、马铃薯的营养价值

人人都喜爱苹果，欧洲民谚甚至称“每天一苹果，医生远离我”。其实，从营养价值来看，“泥巴巴”的马铃薯要远远高于“红彤彤”的苹果。根据国外营养专家检测发现，马铃薯所含蛋白质与维生素 B_1 相当于苹果的 10 倍，维生素 C 是苹果的 3.5 倍，维生素 B_2 和铁质是苹果的 3 倍，磷是苹果的两倍，糖和钙质与苹果相当，只有胡萝卜素含量略低于苹果。

马铃薯的营养价值是指马铃薯块茎作为食品的营养价值。美国马铃薯协会曾绘制了一幅关于马铃薯块茎营养价值图（图 11–1），形象地描述了一个 148 克重的马铃薯块茎所能提供人一天所需要营养物质的比例。

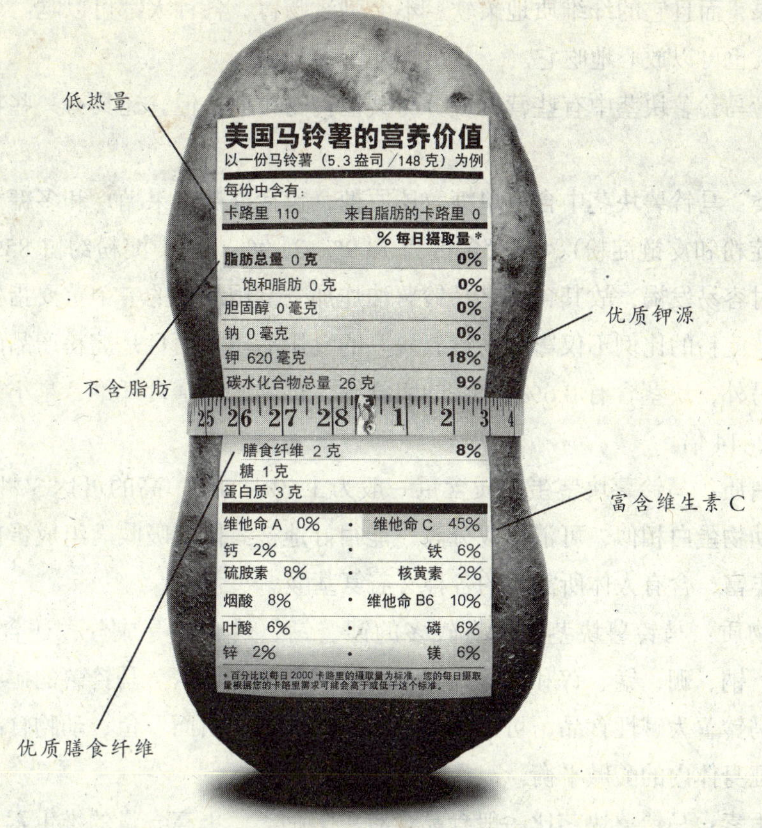

图 11-1　马铃薯块茎营养价值图（图片来源：美国马铃薯协会）

从营养价值来说，马铃薯是一种极好的食物，可当蔬菜又可当主食。马铃薯块茎中含有糖类、蛋白质、矿物质、维生素和脂肪等人类生命活动所需的基本营养物质，是养分齐全的食物。即使是同样的营养物质，马铃薯中所含的营养比其他食物更易被消化。首先，它是典型的高钾、低钠、低脂肪食品，可有效预防脑中风及高血压；它的钾、镁含量高于精白米和精白面粉，是一种碱性食品，而所有的精米白面都让人体质偏酸。其次，马铃薯的蛋白质质量高。虽然蛋白质的含量只有2%，但是其中富含人体必需的各种氨基酸。第三，马铃薯含有其他食物不常具备的各种维生素，特别是维生素C（抗坏血酸）的含量较高，是精米白面所没有的好东西。这就是为什么西方人吃了马铃薯后可不再依赖食用其他蔬菜的重要原因之一，也是我国高寒地区和西南山区人们在秋冬季长期食用马铃薯而缺乏蔬菜水果的情况下，仍能保证身体健康的重要原因。第四，它含有丰富而柔软的膳食纤维，而精米白面纤维很少，这种膳食纤维能够让人产生“饱腹感”，用它们来代替主食具有一定的减肥效果，而且它的纤维质地柔软，不会刺激肠胃，各种人都可以吃。患胃溃疡或肠炎的人也可以放心地吃它。

尽管马铃薯块茎中有些营养成分与其他食物相似，但它还具有一些特殊的作用和功能：

糖类：马铃薯块茎中含有单糖（还原糖，包括蔗糖和果糖）和多糖（淀粉，包括直链淀粉和支链淀粉），一般含量为13.9%~21.9%，其中淀粉约占85%。还原糖在油炸时容易发褐，故其含量是马铃薯油炸加工专用品种的一个重要指标。直链淀粉和支链淀粉的比例不仅影响马铃薯块茎的食用品质，而且是淀粉产品的一个重要指标。另外，块茎含有0.6%~0.8%的粗纤维，也称之为膳食纤维，是小米、大米和面粉的2~14倍。

蛋白质：马铃薯块茎蛋白质含量一般为1.6%~2.1%，高的可达3%以上。其蛋白质与动物蛋白相似，可消化成分高，能很好地被人体所吸收。组成蛋白质的氨基酸种类丰富，含有人体所需要的各种必需氨基酸。

矿物质：马铃薯块茎中含有较多的钾、钙、磷、铁等成分，还含有镁、硫、氯、硅、钠、硼、锰、锌和铜等人和动物必需的营养元素。马铃薯的矿物质呈强碱性，故马铃薯为碱性食品，可中和酸性食品（大米、白面、鱼、动物食品等）的酸度，保证身体内的酸碱平衡。

维生素：马铃薯块茎比一般食品含有更多种类、更高含量的维生素，包括维生素A、B_1、B_2、B_3、B_5、B_6、C、H、K及M，其中以维生素C含量最丰富，一般每100克鲜块茎中可达20~40毫克。

脂肪：马铃薯块茎的脂肪含量极低，一般在0.1%左右，是典型的低脂肪食品。

二、马铃薯的特殊营养和药用价值

马铃薯除具有丰富的营养价值，还有一些鲜为人知的特殊作用。它是潜力较大的优质婴儿食品、功能神奇的药用食品、癌症患者康复食品、抗衰老食品和美体食品。

（一）优质的婴儿食品

鲜马铃薯捣碎或用全粉制成的糊状食品，是婴儿最佳的食品。主要原因如下：①全面的营养成分：包括人体生长发育所需要的基本营养成分，蛋白质、糖类、脂肪、维生素和矿物质，有些成分是其他粮食类食品不具备的。②含有丰富的维生素A和维生素C，能促进生长发育，对婴幼儿特别重要。而其他粮食类食品中不含维生素C。③柔软细腻的质地适合婴儿幼嫩的消化器官。

（二）功能神奇的药用食品

根据中医理论，马铃薯性味甘平，有补中、益气、和胃、健脾、消肿之功效，适宜于脾胃虚弱、消化不良等疾病。其主要药用功效有：①外用：在马铃薯起源地秘鲁的安第斯山区人们很早就用马铃薯敷疗骨折损伤，治疗头痛，预防风湿病和消化不良等病症。当肌肉注射药物，肌肉吸收不良，出现硬结块时，可用新鲜马铃薯切片外敷患处，能起到消结散肿之功效。捣碎的新鲜马铃薯块茎还可以治疗皮肤烧伤。②口服：榨汁生食防治和治疗多种疾病，如便秘、胃溃疡、酸过多症、胃十二指肠溃疡、高血压、糖尿病、鼻窦炎、肝炎和控制癌细胞蔓延，对排毒养颜和减肥也有一定作用。

（三）癌症患者康复食品

一般癌症初期患者通过手术切除癌变组织后，需要通过化疗方法使患者康复，在此阶段，患者极易出现呕吐现象。而用马铃薯全粉调制或将马铃薯块茎煮熟后捣碎得到的马铃薯泥是此阶段患者最佳的食品。主要原因可能是马铃薯块茎所含纤维细嫩，对胃肠膜没有刺激；含有丰富的钾盐，可治疗消化不良；含有维生素 B_6，具有止吐作用；营养成分齐全，有利患者康复。马铃薯汁对胃有一定治疗效果。另外，马铃薯含有丰富的维生素 A 和胡萝卜素（在人体内可转化为维生素 A）可维护上皮细胞完整性，防止多种上皮肿瘤发生；还可缓解致癌物在体内的毒性。

（四）抗衰老食品

马铃薯块茎中几种含量较高的维生素（维生素 C、E 和 B_5）、优质膳食纤维和高钾含量是其抗衰老、保健康的主要原因。马铃薯鲜薯中富含维生素 C，而其他米面类食品没有。维生素 C 是有效的抗氧化剂，可保护身体细胞健康，有利于牙龈健康，还可保护身体免疫系统健康，是合成胶原质的必需组分。胶原质是一种结构蛋白质，大量存在于皮肤、骨骼、肌腱、软骨和牙龈中。维生素 E 在人体内作用最为广泛，比任何一种营养素都大，能提高新陈代谢功能。维生素 E 在体内有良好的抗氧化性，可降低细胞老化、保持红细胞的完整性、促进细胞合成、抗污染，还有抗不孕的功效。马铃薯的膳食纤维可降低血液中胆固醇的含量，降低罹患心脏病的风险；可维持肠道正常蠕动，降低罹患结肠癌的风险。最近研究表明，紫色马铃薯（也有称之为黑色马铃薯）含有较高的花青素，有人称花青素是继水、蛋白质、脂肪、碳水化合物、维生素、矿物质之后的第七大必需营养素。花青素是一种强有力的抗氧化剂，可清除自由基危害，其效率可与维生素 C 和维生素 E 相当。花青素还能够增强血管弹性，改善循环系统和增进皮肤的光滑度，抑制炎症和过敏，改善关节的柔韧性。特别能帮助预防多种与自由基有关的疾病，包括癌症、心脏病、过早衰老和关节炎等。含钾高的食物可以降低中风的发病率，每周吃 5~6 个马铃薯，可显著降低中风的危险。

（五）美体食品

马铃薯块茎丰富的膳食纤维增强了人体的饱腹感，可减少大量食物的摄入。马铃薯块茎中淀粉以支链淀粉为主，一般淀粉酶无法消化它，所以有人称马铃薯淀粉为抗性淀粉。另外，马铃薯的低热量和低脂肪有利于保持身体健美，多吃马铃薯能减少脂肪的摄入，并促使体内多余的脂肪逐渐被代谢掉。

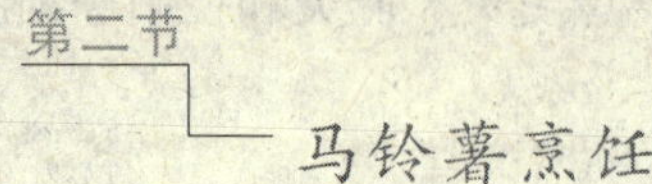

第二节 马铃薯烹饪

吃在中国。作为一个对饮食特别重视的国度，自然不会将马铃薯置之度外。长期以来，各地形成了一系列相对固定的马铃薯食用方法并在一定的区域内流行，包括做成各种菜肴和主食。四川的马铃薯烹饪方法与西南地区包括鄂西、重庆、云南和贵州等相近，但最具有代表性。

值得注意的是中国菜传统做法一般要求色、香、味均全，所以使用的配料特别多，实际上只有部分配料也可以做出可口的马铃薯菜肴和主食。虽然每种食法的主料和辅料都标明了重量（克），但由于不可能（也不必要）做到精确，所以每种原材料的重量是一个大概数。因此，同一道菜由不同厨师做出的味道各不相同，这便是中国菜的魅力所在。

购买马铃薯，要挑选表面完整、干净的，且触手坚实光滑，避免选择外皮有皱纹，或枯萎、软黑、呈绿色的马铃薯。烹饪马铃薯也有诀窍。为保存马铃薯的养分，连皮煮是最好的方法，且最好整颗煮，不要切片或削块。如果必须要削皮再煮，应该使用削皮机轻轻削去薄皮，避免削厚，因为许多成分都在靠近马铃薯表皮处。变绿或发芽的马铃薯含有龙葵碱，对健康不利，食用前去除绿色部分表皮，烹饪时间充足，就可消除不利影响。2007 年，中国营养学会颁布了新的《中国居民膳食指南》，建议居民要适当增加薯类的摄入，每周吃 5 次左右，每次摄入 50~100 克以满足平衡膳食的需要。

一、川菜风味马铃薯烹饪精选

1.青椒土豆丝（图 11–2）

原料：选择不易断条品种的土豆 300 克，青椒、甜椒、野山椒、盐、味精、鸡精、麻油、白醋、精炼油各适量。

做法：（1）土豆去皮洗净，切成细丝，放入盆中，加入白醋和清水漂一会儿，捞出沥干水分，这样炒出来才丝丝清爽，吃起来才条条香脆；青椒、甜椒去蒂及子，清洗干净，切成细丝；野山椒去蒂，剁细成粒。

图 11–2 青椒土豆丝

（2）锅置旺火上，烧水至沸，放入土豆丝至微断生，捞出沥干水分。锅内烧精炼油至六成热，放入野山椒粒、青椒、甜椒丝炒香，投入土豆丝，加盐、味精、鸡精、麻油，颠锅翻转和匀，起锅盛入盘中即成。

特点：这是最为典型的川菜之一，其色彩相间，质地脆嫩，咸鲜酸辣，是佐餐之佳肴。

2.土豆烧肉（图 11–3）

原料：土豆 600 克，猪肉或猪排、牛肉 500 克，豆瓣、蒜、花椒、葱、盐、糖、油各适量。

做法：（1）土豆洗净滚刀切成 20 克的块，肉切成 20 克的块状。

（2）锅置旺火烧精炼油至热，放入姜、蒜、豆瓣炒香，投入肉翻炒 2 分钟，再下土豆，加盐等上述其他作料，再加水烧至成熟。

特点：色彩相间，土豆肉香相得益彰。

图 11–3 土豆烧肉

图 11–4 土豆酸辣汤
（图片来源《中国人如何吃马铃薯》）

3.酸菜土豆片汤（图 11–4）

主料：土豆 200 克，酸菜 30 克.

配料：色拉油 10 克，猪油 5 克，精盐 2 克，味精 1 克，胡椒粉 0.5 克，小葱花

7 克，姜米 3 克。

做法：土豆去皮后切成薄片，酸菜切成段。炒锅置旺火上，放少许色拉油加姜米爆香，然后加入酸菜炒香，加清水煮开后，放入土豆煮至汤酸香即可。

特点：酸辣、生津、开胃。

4.土豆泥（图 11–5）

原料：土豆 500 克，蒜、花椒、葱、盐、糖、油各适量。

做法：土豆洗净水煮或蒸烂，用油炒熟，按压成泥状，加作料即可。

特点：清香可口。

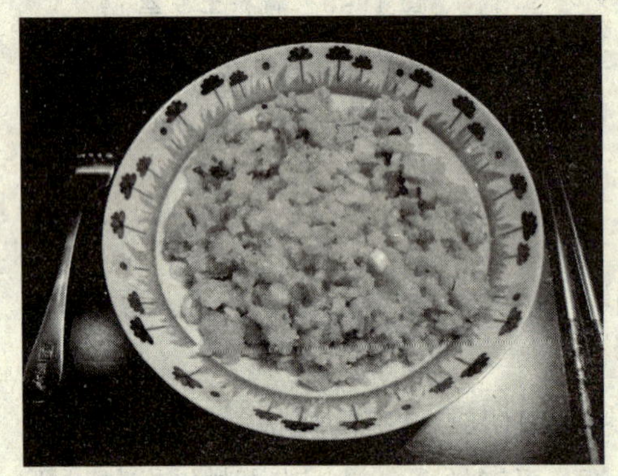

图 11–5　土豆泥（图片来源《中国人如何吃马铃薯》）

图 11–6　土豆沙拉（图片来源《中国人如何吃马铃薯》）

5.土豆沙拉（图 11–6）

原料：土豆 150 克，鸡蛋 1 个，苹果 1 个，熟香肠 1 根，嫩黄瓜 1 根，色拉油 15 克，牛奶少许，精盐 5 克，白糖 5 克，醋少许，味精少许，沙拉、奶油各适量。

做法：（1）将土豆洗净，放锅中加适量水，上火煮烂捞出，剥去皮，放盘中搅成泥状（也可切成方丁搅成泥），备用。

（2）熟香肠切成细丁；苹果去皮、去核，切成小丁；嫩黄瓜洗净后切成小丁，备用。

（3）将鸡蛋洗净，两头各戳一孔，将蛋白流在小碗内，蛋黄放另一碗内。

（4）将牛奶煮开，晾凉，备用。鸡蛋白用筷子打散放蒸锅内蒸熟取出，晾凉，切成小丁备用。

（5）蛋黄中加入少许精盐和白糖，手握 4 根竹筷（用筷子的方头打蛋），向一个方向不停地搅打蛋黄，直至蛋黄粘稠时，淋入几滴色拉油，边淋边搅拌，至蛋黄液极浓时，再淋入几滴色拉油（边淋边搅），搅至蛋黄液极浓时可淋入少许醋稀释，再边搅边淋油，直至把油淋完。如果蛋黄液还较稠，可再加入少许醋调稀，即成沙拉油。

(6) 土豆泥（方丁）中加入适量精盐、味精、白糖，淋上沙拉油，搅拌均匀，再淋上牛奶（没有牛奶也可以加少量开水），土豆泥即色白、发亮有光泽。

(7) 将香肠丁、苹果丁、黄瓜丁等撒在土豆泥上面，食用时拌匀，盛入盘内上桌即可。

特点：味鲜色美，清凉爽口。

6.烤土豆（图 11-7）

原料：整薯土豆数个，作料：海椒面、花椒面、盐、各适量。

做法：(1) 土豆洗净。

(2) 放入火中或烤箱中烧烤至成熟。

吃法：手抓土豆撕皮，蘸点以上作料，细细品味。

特点：土豆本身的营养和风味体现得最为出色。若你走进彝家山寨，著名的土豆品种米拉烤出来黄蒸蒸香喷喷的，将是你旅行的最佳食物之一。

图 11-7　烤土豆（图片来源《中国人如何吃马铃薯》）

图 11-8　土豆煎饼（图片来源《中国人如何吃马铃薯》）

7.土豆煎饼（图 11-8）

材料：土豆 2 个，鸡胸脯肉一小块，盐、黑胡椒粉、香葱、油各适量。

做法：(1) 土豆去皮，切片，稍微冲下凉水，入锅蒸熟。用勺子碾碎。

(2) 加盐、黑胡椒粉、香葱碎、鸡胸脯肉碎（葱姜、少许八角煮熟，切碎）、少许油拌匀，揉成团，分成小团，按压成饼。入油锅小火煎至一面发黄时，再翻面，煎至两面都黄时即可。

特点：鲜香脆嫩。

8.粉蒸土豆排骨（图 11–9）

主料：马铃薯 300 克。

配料：猪排骨 500 克，姜丝、葱花、葱段、蒜各 5 克，蒸肉米粉 150 克，食盐 5 克，味精 5 克，红油 5 克。

做法：马铃薯切块，排骨砍成小块。排骨用葱段、姜丝、蒜泥制 30 分钟后将蒸肉米粉倒在排骨上，和匀。排骨装在小碗里，再放入薯块。用大火蒸 10 分钟，再用小火蒸 50 分钟，取出扣入盘中撒上葱花即可食用。

图 11–9　粉蒸土豆排骨（图片来源《中国人如何吃马铃薯》）

9.蜂窝土豆（图 11–10）

主料：土豆 200 克，鸡蛋 1 个，小麦粉 40 克，生粉 10 克。

配料：白糖 50 克，精盐 3 克，食用油 500 克，青红丝少许。

做法：将土豆去皮，剁成小颗粒，用清水漂后捞出；青红丝切碎。将鸡蛋打入碗中，调散后加入面粉、生粉和精盐揉匀，再加入适量水将面团调成面浆，然后将土豆粒加入面浆中。将油倒入炒锅加热至五、六成热，用手从面浆中捞出土豆粒慢慢撒入锅中先构建一个网形骨架，然后不断往上淋入面浆，直至形成“蜂窝”。如此反复至面浆用完。待锅中“蜂窝”炸至酥脆时，捞出沥净油，稍后再将“蜂窝”移入圆盘中，撒上白糖、青红丝即成。

图 11–10　蜂窝土豆（图片来源《中国人如何吃马铃薯》）

图 11–11　土豆烂烂菜

10.土豆烂烂菜（图 11–11）

主料：土豆、扁豆或四季豆、各式蔬菜。

配料：食用油，少盐或无盐。

做法：土豆去皮洗净切块状。把土豆和蔬菜一起倒入锅中煮熟至烂即可。

11.干焙洋芋丝饼（图 11-12）

主料：土豆 500 克，淀粉 30 克。

配料：食用油 300 克，精盐 5 克，花椒面 2 克。

做法：将土豆去皮洗净，用推丝器推丝；与淀粉一起拌匀，在盘中压成饼状。锅中放油，烧至 3 成热时将土豆饼倒入锅中，炸至金黄色时均匀撒上盐、花椒面即可出锅。炸时应用锅铲不时压土豆丝饼使其粘结不松散。

图 11-12 干焙洋芋丝饼（图片来源《中国人如何吃马铃薯》）

图 11-13 街边油烫小土豆（图片来源《中国人如何吃马铃薯》）

12.街边油烫小土豆（图 11-13）

在凉山州和云南一带流行，主要是炸和烤两种方式，炸熟或烤熟的土豆拌上各种配料食用。

13.土豆火锅片（图 11-14）

主料：土豆 200 克，以会-2 品种最为适合，久煮不烂。

配料：麻酱 150 克，韭菜花 10 克，酱豆腐 10 克，辣椒油 2 克，香菜 10 克。

做法：土豆去皮，切片。韭菜花、酱豆腐、辣椒油、香菜放入麻酱碗中调匀成麻酱小料；土豆片搁入火锅里煮熟，吃的时候蘸麻酱小料食用。

图 11-14 土豆火锅片（图片来源《中国人如何吃马铃薯》）

二、西餐和其他地区食谱精选

1.咖喱土豆牛肉（图 11–15）

配料：咖喱、洋葱、干辣椒

调料：植物油、糖、生抽酱油、生粉（淀粉）、料酒。

做法：（1）将土豆和牛肉切成小块状，牛肉用少许生抽酱油、糖、料酒和生粉拌匀腌制；块状咖喱、洋葱和菠菜叶切碎；

（2）起油锅，放入干辣椒和洋葱，炒出香味后放入牛肉翻炒；

图 11–15　咖喱土豆牛肉

（3）牛肉翻炒至五成熟时放入土豆翻炒；

（4）然后加入开水，没过材料，加少量生抽酱油和糖；

（5）盖上锅盖，中火焖半小时左右，揭开盖后用铲试土豆，能轻易分开时，加入咖喱；

（6）待咖喱完全融化，汁收得差不多了，加入菠菜叶，炒匀即可关火。

2.罗宋汤（图 11–16）

主料：牛尾、土豆、胡萝卜、洋葱、芹菜、圆白菜、西红柿。

做法：（1）牛尾洗净（或者用牛肉洗净切块也行），锅里加水，放入牛尾，煮开以后，撇去浮沫，转小火慢炖 2 小时。

图 11–16　罗宋汤

（2）土豆（2 个小的）切块，胡萝卜（2 根）去皮切块，洋葱半个切块，芹菜 2 枝斜着切段，圆白菜 1/4 个切大片，所有的蔬菜都放入炖了 2 小时的锅里，转大火烧开后转小火接着炖。

（3）同时，准备西红柿一个，切丁，西红柿酱几大匙备用。另起一锅热油，倒入西红柿丁和西红柿酱翻炒至西红柿丁熟烂以后，倒入炖牛尾和蔬菜的锅里，搅和一下，加盐调味，盖上锅盖继续炖。从蔬菜下锅开始算，再炖一个小时即可。

特色：美味粥汤

3.金玉满堂（图 11–17）（西北地区菜肴）

主料：豆腐150克，土豆1520克，青椒125克。

配料：葱花10克，胡椒面1克，精盐6克，味精1克，鲜汤250克，芝麻油10克。

做法：豆腐切成2.5厘米×2.0厘米×0.7厘米的片，放入沸水中烫一下捞起，同时加精盐1克，然后将豆腐放在油中炸黄；土豆、青椒切成小块。炒锅置中火上，油烧至八成热，放入沥干水分的豆腐片、土豆、青椒、鲜汤、精盐、胡椒面、味精，烧沸后用湿淀粉勾芡，加葱花，淋入芝麻油，拌匀起锅即可。

图 11-17 金玉满堂（图片来源《中国人如何吃马铃薯》）

图 11-18 土豆白菜烩粉块

4.土豆白菜烩粉块（图11-18）

主料：土豆300克，小白菜150克，土豆淀粉500克，明矾3克，水1500克。

配料：小红辣椒5克，料酒10克，盐5克，味精3克，酱油10克，花椒3克，大葱10克，姜5克，大蒜5克，猪油（炼制）50克。

做法：制作凉粉。土豆洗净去皮、切条，放入清水中洗净淀粉，在开水锅焯熟；小白菜洗净切段。锅内加油烧热，放花椒炸出微烟，取出花椒弃之，随即放入小红辣椒、葱花、姜末、蒜片炝锅，烹入料酒、酱油，放入小白菜条、土豆条翻炒，加入适量水烧开，放入粉块煮3分钟，调入精盐、味精，出锅装盘。

图 11-19 西式土豆泥（图片来源《中国人如何吃马铃薯》）

5.西式土豆泥（图11-19）

主料：土豆150克，水果番茄2个。

配料：番茄酱适量

做法：将土豆洗净蒸熟，然后去皮，在盆中压成泥，水果番茄一切两半。将土豆泥装盘，再将切好的番茄摆入，在土豆泥上抹上番茄酱即可。

6.法式鲜菇土豆沙拉（图 11–20）

主料：土豆 750 克，鲜蘑菇 500 克，黄瓜 150 克，胡萝卜 150 克，葱头 100 克，青椒 50 克，红椒 50 克，青菜叶少许。

配料：植物油 50 克，芥末酱 2.5 克，盐 15 克，醋、辣椒面、胡椒面少许，鲜菇原汤适量。

做法：将土豆、胡萝卜蒸熟，去皮，切丁；葱头切丁；将 1/3 的鲜蘑菇切成丁；黄瓜去皮、去子，切成丁；青椒、红椒去子，切丁。将上述切好的各种主料放一盆内，加入植物油、芥末酱、盐、醋、辣椒面、胡椒面、鲜菇原汤拌匀，放入盆中央使成丘状，周围摆上整个的鲜蘑菇及青菜叶点缀。

特点：酸辣利口，清香味美。

图 11–20　法式鲜菇土豆沙拉（图片来源《中国人如何吃马铃薯》）

图 11–21　鲜蔬果土豆沙拉（图片来源《中国人如何吃马铃薯》）

7.鲜蔬果土豆沙拉（图 11–21）

主料：土豆 400 克，芹菜 150 克，黄瓜 150 克，小胡萝卜 100 克，甜辣椒 100 克以及水果等。

配料：蛋黄酱 125 克，醋 10 克，红辣椒和盐适量。

做法：把土豆洗净削皮，放入小锅内加适量水煮熟。将熟土豆和芹菜、黄瓜、小胡萝卜、甜辣椒切成小丁。将以上主料搅拌在一起，浇上蛋黄沙拉酱即成。

特点：呈鲜绿色，由胡萝卜丁点缀，十分鲜艳，具有典型的美洲风味。

8.驼掌蚕丝土豆（图 11–22）

主料：新鲜土豆 100 克，驼掌 300 克。

配料：白糖 100 克。

做法：先把驼掌烧熟。土豆切条，下油锅炸熟，加入炒制而成的白糖丝，偎在盘边，盘中放入烧好的驼掌即可。

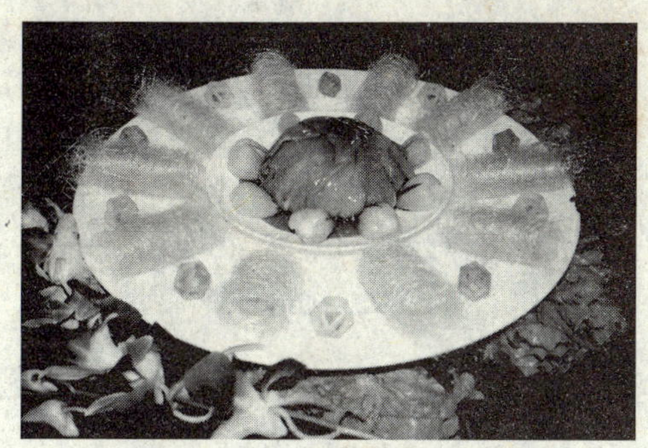
图 11-22 驼掌蚕丝土豆（图片来源《中国人如何吃马铃薯》）

图 11-23 炸薯片

9.炸薯片（图 11-23）

主料：土豆 1 000 克。

配料：植物油 2 000 克（实耗 250 克），精盐少许。

做法：将土豆去皮洗净，切成约 1.5 毫米厚的薄片，放入盆中用水冲去淀粉，捞出晾干水分待用。锅内放入植物油，置旺火上烧热，当油温达到 170℃~180℃时，把土豆片放入锅中炸至土豆片发硬、水分净后（切忌炸过火），捞出控净油，撒匀盐晾凉后即可食用。

特点：酥脆爽口，咸鲜清香。

10.炸薯条（图 11-24）

主料：土豆 500 克。

配料：植物油 1 500 克（实耗 100 克），盐、胡椒面少许。

做法：将土豆去皮洗净切成条，放入凉水中浸泡半小时后，捞出晾干水分，然后放入油锅（油温 170℃~180℃）中炸成金黄色，捞出控去原油，撒上盐、胡椒面即成。

特点：咸香酥软。可配番茄酱食用。

图 11-24 炸薯条

参考文献

1.梁远发. 四川马铃薯青枯病的发生和防治措施. 马铃薯杂志，1990（3）

2.W.J.Hooker. 马铃薯病害及其防治. 李济宸译，石家庄：河北科学技术出版社，1992

3.吴自强. 马铃薯病害——识别与防治. 昆明：云南科技出版社，1997

4.国际马铃薯中心. 马铃薯主要病虫害及线虫. 谢开云，张勇飞译. 北京：中国农业科学技术出版社，1998

5.李本国，梁远发，王小波. 甘薯马铃薯豆类高产栽培技术. 成都：四川科学技术出版社，1998

6.梁远发，何礼远，冯兰香. 马铃薯青枯病（成都）病圃的建立及抗性材料的初步评价. 哈尔滨：哈尔滨工程大学出版社，2001

7.商鸿生，王凤葵. 马铃薯病虫害防治. 北京：金盾出版社，2001

8.李佩英.马铃薯安全贮藏方法. 中国农村科技，2001（8）

9.秦波涛，李和平，王晓曦. 薯类加工. 北京：中国轻工业出版社，2001

10.LiangYuanfa.Integrated management of potato BW in China.Annual Progress Report CIP–China 2000，International Potato Center Liaison Office in Bejing，February 2001，39–44

11.梁远发. 马铃薯抗青枯病转基因植株病圃抗性评价. 第三届中国植物细菌病害学术讨论会论文摘要集. 哈尔滨：哈尔滨工程大学出版社，2003

12.伍贵方，蒙迪冰，罗全丽：马铃薯种薯贮藏技术研究初报. 吉林蔬菜，2003（1）：8

13.马莺，顾瑞霞. 马铃薯深加工技术. 北京：中国轻工业出版社，2003

14.国家质量监督检验检疫总局. 中华人民共和国国家标准——马铃薯种薯产地检疫规程（GB 7331–2003）

15.程天庆. 马铃薯栽培技术. 北京：金盾出版社，2004

16.赵凯. 中国农业合作经济组织发展研究. 北京：中国农业出版社，2004

17.陶佩君. 农村发展概论. 北京：中国农业出版社，2004

18.秋实. 川味家常菜. 内蒙古科学技术出版社，2004

19.李崇光，张开华，赵宪军. 农产品营销学. 北京：高等教育出版社，2004

20.盛国华. 美国脱水干燥马铃薯制品的生产工艺及用途. 淀粉与淀粉糖，2004（2）

21.Joseph Guenthner. 马铃薯. 伯乐致远咨询公司组织译. 北京：中国海关出版社，2004

22.谭宗九，丁明亚，李济宸. 马铃薯高效栽培技术. 北京：金盾出版社，2005

23.许敏. 西南山区马铃薯栽培技术. 北京：中国农业出版社，2005

24.李勤志. 我国马铃薯产业的经济分析. 武汉：华中农业大学，2005

25.陈奇伟，马晓娟，李连伟. 马铃薯淀粉生产技术. 北京：金盾出版社，2005

26.谢开云，金黎平，屈冬玉. 脱毒马铃薯高产新技术. 北京：中国农业科学技术出版社，2006

27.孙慧生. 马铃薯生产技术百问百答. 北京：中国农业出版社，2006

28.黄云，刘紫英. 科学使用除草剂. 成都：天地出版社，2006

29.庞淑敏等. 怎样提高马铃薯种植效益. 北京：金盾出版社，2006

30.中华人民共和国专业合作社法，2006

31.金依明，王颖，谭开明等. 市场营销学. 北京：中国电力出版社，2006

32.中华人民共和国农业部. 中华人民共和国农业行业标准——马铃薯脱毒种薯繁育技术规程（NY/T 1212-2006）

33.李秀兰. 马铃薯贮藏期腐烂原因及预防，蔬菜，2006（1）：32

34.卢勇. 马铃薯产品与产业的市场营销. 定西科技，2006(4)：14~16

35.蒲中荣. 马铃薯脱毒种薯生产与高产栽培. 北京：金盾出版社，2007

36.安徽省农业委员会编. 农民专业合作组织知识问答. 合肥：安徽科学技术出版社，2007

37.刘明祖. 农民专业合作社法 50 问. 北京：中国民主法制出版社，2007

38.曹丽娟. 对四川农村专业合作经济组织建设的调查与思考，四川行政学院学报，2007(1)

39.颉敏华，李梅，冯毓琴. 马铃薯贮藏保鲜原理与技术. 中国马铃薯，2007（5）

40.杜连起，刘文合. 粉丝生产新技术. 北京：化学工业出版社，2007

41.宋吉轩，张敏，邓宽平. 贵州马铃薯贮藏现状、存在问题及解决措施.农业科技与信息，2008（7）：56~57

42.四川省质量技术监督局. 四川省农业地方标准——马铃薯脱毒种薯生产技术规程（DB51/T818-2008）

43.四川省质量技术监督局. 四川省农业地方标准——马铃薯种薯（苗）质量标准和检验规程（DB51/T821-2008）

44.陈华宁. 中国马铃薯产业发展现状及对策. 世界农业，2008(8)

45.农业部课题组. 现代农业发展战略研究. 北京：中国农业出版社，2008

46.蒋和平，何忠伟. 四川农民合作经济组织试点的现状与机制分析. 中国论文下载中心：http：//www.studa.net/